数学简史丛书
Pioneers in Mathermatics

天才时代的数学大师

Mathematic Masters in the Age of Genius

[美] 迈克尔·J·布拉德利———著

展翼文———译

上海科学技术文献出版社
Shanghai Scientific and Technological Literature Press

图书在版编目（CIP）数据

天才时代的数学大师／（美）迈克尔·J. 布拉德利著；
展翼文译 . —上海：上海科学技术文献出版社，2023
（数学简史丛书）
ISBN 978-7-5439-8777-7

Ⅰ．①天… Ⅱ．①迈…②展… Ⅲ．①数学史—
世界—普及读物 Ⅳ．① O11-49

中国国家版本馆 CIP 数据核字（2023）第 033338 号

Pioneers in Mathematics: The Age of Genius: 1300 to 1800

Copyright © 2006 by Michael J. Bradley

Copyright in the Chinese language translation (Simplified character rights only) ©
2023 Shanghai Scientific & Technological Literature Press Co., Ltd.

All Rights Reserved

图字：09-2021-1009

选题策划：张　树
责任编辑：王　珺
封面设计：留白文化

天才时代的数学大师
TIANCAI SHIDAI DE SHUXUE DASHI
[美]迈克尔·J. 布拉德利　著　展翼文　译
出版发行：上海科学技术文献出版社
地　　址：上海市长乐路 746 号
邮政编码：200040
经　　销：全国新华书店
印　　刷：商务印书馆上海印刷有限公司
开　　本：650mm×900mm　1/16
印　　张：9
字　　数：100 000
版　　次：2023 年 5 月第 1 版　2023 年 5 月第 1 次印刷
书　　号：ISBN 978-7-5439-8777-7
定　　价：35.00 元
http://www.sstlp.com

目 录

前　言

　　人类孜孜不倦地探索数学。在数字、公式和公理背后,是那些开拓人类数学知识前沿的先驱者的故事。他们中有一些人是天才儿童,有一些人在数学领域大器晚成。他们中有富人,也有穷人;有男性,也有女性;有受过高等教育的,也有自学成才者。他们中有教授、天文学家、哲学家、工程师,也有职员、护士和农民。他们多样的背景证明了数学天赋与国籍、民族、宗教、阶级、性别以及是否残疾无关。

　　本书记录了十位在数学发展史上扮演过重要角色的数学大师的生平。这些数学大师的生平事迹和他们的贡献对初高中学生很有意义。总的来看,他们代表着成千上万人多样的天赋。无论是知名的还是不知名的,这些数学大师都在面对挑战和克服障碍的同时,不断地发明新技术,发现新观念,扩展已知的数学理论。

　　本书讲述了人类试图用数字、图案和等式去理解世界的故事。其中一些人创造性的观点催生了数学新的分支;另一些人解决了困扰人类很多个世纪的数学疑团;也有一些人撰写了影响数学教学几百年的教科书；还有一些人是在他们的种族、性别或者国家中最先因为数学成就获得肯定的先驱。每位数学家都是突破已有的基础、使后继者走得更远的创造者。

从十进制的引入到对数、微积分和计算机的发展，数学历史中最重要的思想经历了逐步的发展，每一步都是无数数学家个人的贡献。很多数学思想在被地理和时间分隔的不同文明中独立地发展。在同一文明中，一些学者的名字常常遗失在历史中，但是他的某一个发明却融入了后来数学家的著述中。因此，要准确地记录谁是某一个定理或者某一个思想的确切首创者总是很难的。数学并不是由一个人创造，或者为一个人创造的，而是整个人类求索的成果。

阅读提示

在20个世纪之中，来自不同文明社会的学者提出了很多数学思想，这些数学思想标志着基础的算数、数论、代数学、几何学和三角理论的创立，也标志着天文学和物理学中一些相关科学的创立。

14世纪的伊朗数学家吉亚斯丁·贾姆希德·麦斯欧德·阿尔卡西（Ghiyāth al-Dīn Jamshīd Mas'ūd al-Kāshī）改进了数值估算的方法，并且提出了许多几何方法，用于确定建筑的拱、穹隆以及拱顶的面积和体积。

在欧洲文明重新觉醒的文艺复兴早期，学者们恢复了他们对数学研究的兴趣。他们修复了希腊数学的经典著作，并学习了亚洲以及中东地区先进的数学思想。大学、图书馆以及科学院都致力于整个欧洲的知识进步和保存，并逐渐取代了受宫廷皇室以及宗教寺院所影响的教育的中心地位。

在这段过渡时期，很多有着远大志向的学者们，都会通过自学各种先进的技术，来弥补他们数学知识的局限。16世纪的一位法国律师弗朗索瓦·韦达（François Viète）引入了一套符号方法：他使用元音字母来表示变量,用辅音字母表示系数,从而带来了代数的革命。17世纪早期,苏格兰贵族约翰·纳皮尔(John Napier)为了简化计算过程,发展出了一套对数系统。另一位法国律师皮埃尔·德·费马(Pierre de Fermat)对素数的性质、整除性以及整数的幂进行了研究,奠定了现代数论的基石。

17世纪中叶,欧洲建立了一个国际性的数学组织,使许多不同的国家研究同一问题的学者们得以交流他们各自的成果,并探讨所遇到的困难。许多数学家都开发出了独立的技巧来寻找曲线的切线方程、极值坐标和曲线下的面积,还发展了特定情况下寻找有限的几类函数质心的方法。英格兰的艾萨克·牛顿爵士(Sir Isaac Newton)以及德国的戈特弗里德·莱布尼茨(Gottfried Leibniz)综合了他们的许多想法,各自独立地发展出了微积分的理论,对数学的发展以及自然科学的研究产生了巨大的影响。

18世纪的数学家们规范了微积分的理论基础,并且拓展了它的运算技巧。瑞士数学家莱昂哈特·欧拉(Leonhard Euler)为代数、几何、微积分以及数论的发展作出了卓越的贡献,并将这些学科应用到了力学、天文学以及光学中去,得出了许多重要的结论。

尽管当时的自然科学在美洲并没有得到太大发展,但仍然有很多业余科学家们在求知的道路上孜孜不倦地奋斗着。在缺乏高等学术研究机构以及学者组织的情况下,他们坚持着阅读、实验以及与欧洲同事们的通信往来。本杰明·班尼克(Benjamin Banneker),一位自学成才的自由黑人烟草商,参与勘测了哥伦比亚特区的边界,并且为他著名的12本年历计算了许多天文和潮汐的数据。

一 吉亚斯丁·阿尔卡西

（约 1380—1429）

精确的小数近似

早期天文学家们的技术一直在不断地提高，他们发明了各种新型的天文仪器，并建起了撒马尔罕（Samarkand）天文台。与此同时，吉亚斯丁·贾姆希德·麦斯欧德·阿尔卡西（Ghiyāth al-Dīn Jamshīd Mas'ūd al-Kāshī）则在数学领域，发展了一套颇具革新性的近似方法。通过对具有大于 8 亿条边的正多边形的计算，以及非常有效的估算平方根的方法，他把圆周率π的值精确地计算到了小数点后的 16 位。

图中为撒马尔罕的一座清真寺——拱、穹隆和拱顶在这种风格的建筑中经常得到使用。吉亚斯丁·阿尔-卡西发展了多种方法来计算它们的面积和体积。

此及，阿尔卡西想出了 5 套办法来估算建筑的拱、穹隆和拱顶的面积以及体积。他还采用了迭代的方法来估算三次方程的根，并且据此将 sin（1°）的值确定到了小数点后的 18 位。他使用十进制小数来进行计算的方法,完善了印度-阿拉伯计数系统的发展。

　　阿尔卡西(al-Kāshī)出生于伊朗的卡尚(Kāshān)。他的名字的第一部分——吉亚斯丁(Ghiyāth al-Dīn),是"信仰的襄助者"的意思,这是一位苏丹为了表彰他杰出的科学贡献而授予他的头衔。关于他的生平,可供参考的史料很少。现在我们只能通过他与父亲的信件和著作中的介绍了解他。阿尔卡西大约出生于1380年,一生大部分间都在贫困中度过。15世纪初期,他已经将自己的注意力集中在天文和数学的研究上了。

 ## 早期天文学著作

　　1406—1416年间,阿尔卡西撰写了5本天文学著作。他把其中的4本都题献给了支持他研究和写作的富有的资助者。在这些著作中,他详细地记录每一部著作的完成情况,包括记下它们完成的月份以及日期。这些著作表明了他熟知前人的理论、发现以及所采用的方法,以及对天文仪器的了解并能熟练进行天文计算。这五部著作的整体水准,确立了他作为当时最前列的天文学家的地位。

　　1407年3月1日,阿尔卡西的第一部天文著作《天堂的楼梯,关于前人在确定距离及大小时所遇困难的解决》,在卡尚完成。他将这部著作题献给了一位政府的高官——维齐尔卡马尔丁·马哈穆德(Kamāl al-Dīn Mahmūd)。正如书名所表达的,这部著作给出了太阳和月亮的大小以及它们到地球距离的估算值。阿尔卡西在估算时采用了新的方法,改进了此前天文学家所得到的数值。现在伦敦、牛津以及伊斯坦布尔的图书馆里仍存有这部著作的阿拉伯文手稿。

1410—1411年，阿尔卡西撰写了他的第二本天文学著作《天文学纲要》，后来又以《论天文》的题目重新出版。他将这本书题献给了苏丹伊斯坎达尔（Iskandar）。这位苏丹是帖木儿王朝的成员，在1414年以前，他是波斯和伊斯法罕（Isfahān）的统治者。在这本著作中，阿尔卡西总结了天文学中最常用的理论以及技术。阿尔卡西最重要的天文学著作是在1413至1414年间完成的《哈加尼天文表——对伊儿汗天文表的完善》。阿尔卡西将著作题献给苏丹兀鲁伯（Ulugh Bēg）——河中地区（Transoxiana）的王子，沙哈鲁（Shāh Rukh）的儿子。正如题目所述，这部著作是对13世纪纳速拉丁·阿尔图思（Nasīr al-Dīn al-Tūsī）的天文表的修正。这部著作包含了关于历法的历史、数学、球面天文学和几何学的章节。书中的长篇引言详细描述了关于确定月球绕地球运行轨道的方法。这套方法建立在他对月食的3次观测，以及公元2世纪时希腊天文学家克劳迪乌斯·托勒密（Claudius Ptolemy）在其经典著作《天文学大成》中描述的3次类似观测的基础之上。这部著作比较了当时世界上广泛应用的6种历法：回历——穆斯林使用的太阴历；波斯历——波斯人使用的太阳历；塞琉古历——希腊和叙利亚使用的太阳历；贾拉利历——奥马尔·海亚姆制定的一套穆斯林历法；回纥历——中国使用的一种历法；此外还有伊儿汗国使用的历法。这部著作的数学部分提供了从0°—180°的精确到分（$\frac{1}{60}$度）的正弦和正切数值的表格。表中的每个值都用4个六十进制的位表示，如0：a,b,c,d，即表示分数 $\frac{a}{60}+\frac{b}{60^2}+\frac{c}{60^3}+\frac{d}{60^4}$。这是当时天文学采用的标准记数法。关于球面天文学的部分包括了一组表格，它可以让天文学家精确地跟踪太阳、月亮、行星和恒星在当时被认为是一个大球面的宇宙中的位置。

其中一部分表格提供了从天球的黄道坐标系到赤道坐标系的转换方法，另外的表格提供了太阳的经向运动、月亮和行星的纬向运动、视差和交食以及月相的数据。关于地理学的部分列出了516个城市、山峰、河流和海洋的经度、纬度。这部著作最后的部分列出了最亮的84颗恒星的位置和星等、每颗恒星距地球中心的距离，以及供占星师使用的若干资料。

1416年1月，阿尔卡西完成了一部题献给土库曼王朝苏丹伊斯坎达尔（与前面的那位被题献过的苏丹同名）的关于天文仪器的著作。在这部名为《论观测仪器的说明》的著作中，他描述了6种天文仪器的结构。其中最著名的一种是浑天仪，是一种精妙的三维宇宙模型，用移动和静止的环圈来表示行星的轨道和恒星的位置。他还描述了法赫利六分仪（Fakhrī sextant），这是一架1/6圆弧长的用于确定地平线和星的角度的大型固定仪器。他描述的其他仪器还包括三角仪（triquetrum）、赤道环（equinoctial ring）、双环

阿尔卡西对许多天文仪器的使用方法进行了说明，包括用来表示行星以及其他大型天体运行轨道的浑天仪。

（double ring）和浑天仪的几个变种。

1416年2月10日，阿尔卡西完成了他的第五部天文著作《花园游览，一种称为"苍穹盘"的仪器的制造方法》。这部简短的著作描述了"苍穹盘"和"连接盘"（plate of conjunctions），这是他发明的两种天文仪器。苍穹盘是一种类似星盘（astrolabe）的仪器，它可以用来测量行星的位置并将其转化为图形格式，以便分析图形的运动。连接盘是一种更简单的仪器，用来进行线性插值。阿尔卡西在他10年之后的著作《〈游览〉补遗》中对这两种仪器还有进一步描述。

确定 π 的值

1417—1424年，兀鲁伯王子在撒马尔罕建立了一所清真寺书院（madrassa，伊斯兰世界中神学和科技的教研机构）和一座天文台，使那里成为当时中亚地区的学术和科学中心。阿尔卡西在书院任教，协助建立了天文台并给天文台装备了精密仪器（包括一座100英尺高的石制法赫利六分仪）。在一封给他父亲的信中，阿尔卡西将兀鲁伯描述为一位精干的科学家：他领导学术讨论，参与评论和总结，并积极参加由天文台的60位天文学家承担的工作。兀鲁伯王子在关于天文台工作的一部著作中，给予这位首席天文学家非凡评价：阿尔卡西是一位非凡的科学家，他知识和技巧能够让他解决最困难的问题。

阿尔卡西在天文台最初的研究课题之一，是计算出 π 的足够精确的值，使他能够将宇宙周长的计算精确到一根马鬃粗细的精度。在1424年7月完成的著作《论周长》（Risāla al-muhītīyya）中，他详细地描述了精确估计的方法。假设宇宙是一个球，其半径不大于地球的60万倍，他确定了所要达到的计算精度所需的圆的周长半径比 $\frac{C}{r}=2\pi$ 的精度是小数点后16位。

阿尔卡西改进了希腊数学家阿基米德在公元前3世纪采用的几何方法，利用这种方法，阿基米德估算出 π 的值在 $3\frac{10}{71}$ 至 $3\frac{10}{70}$ 之间。阿基米德分别计算了一个圆的内接以及外切正六边形、正十二、二十四、四十八和九十六边形的周长，用来估算该圆的周长。阿尔卡西仍然使用了这一方法，但是他把正多边形的边数翻了28倍，即计算正 $3 \cdot 2^{28}$=805 306 368边形的周长。为了精确地计算每个多边形的边长，他使用了三角学的计算方法，以及在阿基米德时代所不具备的有效计算平方根的技术。

由内接正 $3 \cdot 2^n$ 边形的一条边（a_n），与它相垂直的弦（c_n），以及圆的直径（d=2r），可以构成一个直角三角形，阿尔卡西便可以得到它们之间的关系式 $a_n=\sqrt{(2r)^2-{c_n}^2}$。同时他还推算出了公式 $c_n=\sqrt{2(2r+c_{n-1})}$，这样就可以从弦 c_{n-1} 的长度推算出具有两倍边的正多边形的弦 c_n 的长度。首先从正六边形开始，用圆的半径 r 来表示它的弦和边长，可以得到 $c_1=r\sqrt{3}$ 和 $a_1=r$。同理，我们还可以得到下面一系列的结果：

$$c_2 = r\sqrt{2+\sqrt{3}} \qquad\qquad a_2 = r\sqrt{2-\sqrt{3}}$$

$$c_3 = r\sqrt{2+\sqrt{2+\sqrt{3}}} \qquad\qquad a_3 = r\sqrt{2-\sqrt{2+\sqrt{3}}}$$

$$c_4 = r\sqrt{2+\sqrt{2+\sqrt{2+\sqrt{3}}}} \qquad a_4 = r\sqrt{2-\sqrt{2+\sqrt{2+\sqrt{3}}}}$$

......

　　这套有效计算平方根的方法,使他的计算可以一直进行下去,一直算到a_{28},再乘以边数,他就得到了半径为r的圆的内接正$3 \cdot 2^{28}$边形的周长。通过类似的步骤,他又得到了该圆的外切正$3 \cdot 2^{28}$边形的周长,然后求得这两个周长的平均数,作为圆的近似周长$2\pi r$。

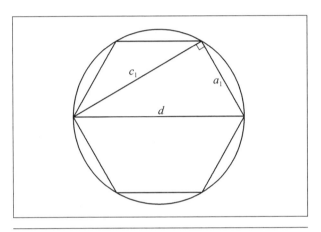

阿尔卡西利用了圆的内接正多边形的边和弦之间的关系,将π的值计算到了小数点后的16位。

　　他的整个计算过程是使用六十进制进行的,他计算的结果表示为$2\pi \approx 6: 16, 59, 28, 1, 34, 51, 46, 14, 50$。而我们可以把它用一个分数和的形式表示为:

$$6 + \frac{16}{60} + \frac{59}{60^2} + \frac{28}{60^3} + \frac{1}{60^4} + \frac{34}{60^5} + \frac{51}{60^6} + \frac{46}{60^7} + \frac{14}{60^8} + \frac{50}{60^9}$$

后来他把这一数值转化成了一个10进制的小数——小数点后一共有16位:$2\pi \approx 6.283\,185\,307\,179\,586\,5$。现在看来,他的近似结果是正确的。此前,阿基米德和托勒密得到的近似值只有3位小数。6世纪的印度数学家阿耶波多(Āryabhata)和9世纪的阿拉伯数学家穆罕默德·阿尔·花剌子米(Muhammad al-Khwārizmī)也仅算到了小数点后的第4位。阿尔卡西得到了2π的值,并进而计算得到了圆周率π的16位近似值π≈3.141 592 653 589 793 2。这一优越的纪录一直保持到1596年，才被德国数学家鲁道夫·范·科伊伦（Ludolph van Ceulen）打破，后者使用多项式的方法计算了$60 \cdot 2^{33}$条边的长度，将π的值确定到了小数点后的20位。

方根、小数和穹隆

阿尔卡西最著名的著作，要数五卷本的《算术之钥》（又称《计算者之钥》）了，这部书对初等数学进行了汇编，用来作为大学教科书以及天文学家、土地测量员、建筑师和商人的数学指南。阿尔卡西在书中证明了自己通过精确计算的技术来解决各种代数、几何以及三角学问题的突出能力。这部著作所体现出的教育特色及其广泛的应用，得到了他的同时代以及后辈学者的一致称赞，这本著作并同它的一个叫作《〈之钥〉纲要》的缩写版本，被当作当时的大学教科书和实用手册，一直流行了好几个世纪。

这套书的第一卷的书名是《关于整数的运算》。阿尔卡西记述了一种估算数字的n次方根的常用方法——使用公式

$$\sqrt[n]{N} \approx a + \frac{N - a^n}{(a + 1)^n - a^n}$$ 来计算，其中，a是满足$a_n < N$的最大的整数。在计算分母的过程中，他提出了一个通用的公式，将两项和的幂的展开式扩展到了任意的n次方。他引入了后来的所谓帕斯卡三角形，来说明

这一公式$(a + b)^n = a^n + \binom{n}{1}a^{n-1}b + \binom{n}{2}a^{n-2}b^2 + \binom{n}{3}a^{n-3}b^3 + \cdots + b^n$

中的二项式系数$\binom{n}{1}$、$\binom{n}{2}$、$\binom{n}{3}$…的计算方法，并且给出了帕斯卡三

角形的前9行的数值。当时，二项式展开以及帕斯卡三角形的方法已经在中国和印度使用了数个世纪，在12世纪海亚姆的著作中还出现了相应的n次方根的公式。同他的早期的论文一样，阿尔卡西是完全通过文字修辞来叙述他的计算方法，因为当时诸如变量以及指数之类的代数符号还没有被推行。

这套书的第二卷——《关于分数的运算》，阐释了在十进制小数的符号体系下表示分数数值的方法；并且说明了使用这种小数格式进行计数的方法，可以怎样有效地进行算术运算。阿尔卡西提出了两种符号来表示小数：一种是使用一条竖线来将整数与小数部分隔开；另一种是将分母中10的幂依次写在对应位置的小数上。使用这种规则，则可以用比如$23|754$或者$23\overset{1}{7}\overset{2}{5}\overset{3}{4}$来表示$23 + \dfrac{7}{10^1} + \dfrac{5}{10^2} + \dfrac{4}{10^3}$。那时中国和印度的数学家们已经在使用小数，而在阿拉伯世界，小数也已在10世纪时从阿布·哈桑·阿尔乌格利迪西（Abu'l Hasan al-Uqlīdisī）的著作中开始出现。阿尔卡西的贡献则在于，将十进制整数的算术运算方法同样地运用于小数。

在第三卷《关于天文学计算》中，阿尔卡西解释了使用六十进制的符号体系来处理整数以及分数数值的方法。他还有力地论证了将所有数值都划分为10份的十进制体系，由于有利于人们更高效地进行运算，因而要比将所有数值都划分为60份的六十进制体系优越得多。这种运用十进制小数进行运算的方法完善了印度-阿拉伯计数体系的发展。在后来的两个世纪中，阿尔卡西关于小数计算的思想发挥了它的深远影响，传播到了土耳其以及整个拜占庭帝国，一直到达西欧。直到今天，六十进制还仍然在被使用——但仅仅在测量角的大小时会用到度、分$\left(\dfrac{1}{60}度\right)$和秒$\left(\dfrac{1}{60}分\right)$，以及在表示时间的时候会用1小时=60分钟和1分钟=60秒。

《关于平面图形以及形体的测量》是这部著作的第四卷。在只使用直尺和圆规的情况下，他在此给出了5种不同的方法，用来估算建筑物的拱、拱顶以及穹隆（即圆顶（qubba））的面积以及体积。精致的阿拉伯建筑往往需要在其平整或弯曲的表面涂上灰泥、油漆或颜料，或者贴上金箔，有时还会根据覆盖的金箔的体积来决定征税的数额。阿尔卡西设计了一套方法将复杂的三维表面投影到二维平面上，通过基本的二维图形来确定其原始的面积和体积。其中，最为棘手的结构是一种钟乳石状的壁龛（muqarnas），它们会以不同的附着形态从墙上、柱子上或者天花板上垂下来。阿尔卡西将这种壁龛区分为四类，并系统地阐述了得到其表面积和体积的方法。

这部长篇著作的最后一卷的书名是《关于使用代数方法以及双设法解决问题》。书中阿尔卡西阐述了求解线性和二次方程以及方程组的方法。他还解释了如何使用当时流行的双设法来求解各种问题。他声称自己给出了70种具有不同形式的正系数四次方程，比如$ax^4+dx+e=bx^3+cx^2$等，并对每种形式都提供了相应的方法来确定出两个圆、抛物线或者双曲线，使得它们的交点对应于该种类型的四次方程的一个正根。虽然他并未完成预想计划，但其著作中留下的简短讨论仍然标志着，他是第一个系统地尝试通过构造几何曲线的方法来得到四次代数方程解的人。

 ## 估算sin（1°）的值

阿尔卡西于1429年6月22日在撒马尔罕去世，留下了未完成的数学论文《论弦与正弦》。他在天文台的一位同事卡迪·扎达·阿尔鲁米（Qādī Zāde al-Rūmī）在他去世后不久继续完成了这部著作。在这篇论文中，阿尔卡西使用了一种迭代的方法算得了sin（1°）的值——一个10位的六十进制小数0：1，2，49，43，11，14，44，16，20，17，它也可以表示为分数的和：$\frac{1}{60} + \frac{2}{60^2} + \frac{49}{60^3} + \frac{43}{60^4} + \frac{11}{60^5} + \frac{14}{60^6} + \frac{44}{60^7} + \frac{16}{60^8} +$

$\frac{20}{60^9} + \frac{7}{60^{10}}$。

他同时还给出了相应的十进制的小数值——近似到了小数点后的18位：0.017 452 406 437 283 571。

阿尔卡西发现，$x = 60 \sin$（1°）是方程$60 \sin$（3°）$= 3x - \frac{4x^3}{60^2}$的解。而通过传统的三角公式可以算出具有足够精确度的sin（3°）的值，从而得到一个六十进制的解：$x = \frac{47,6 : 8,29,53,37,3,45 + x^3}{45,0}$。考虑到$x = 60 \sin$（1°）接近于1，阿尔-卡西将$x = 1$代入方程的右边，得到了一个近似结果$x = 1 : 2 = 1 + \frac{2}{60}$。将这个值替换到原来的方程中去，他得到了一个更好的近似值$x = 1 : 2,49 = 1 + \frac{2}{60} + \frac{49}{60^2}$。他将这种迭代的过程进行了9次，每一次都伴随着更庞大的计算上的困难，他最终获得了$x = 60 \sin$（1°）的10位的六十进制小数的近似值，并进而得到相应的sin（1°）的十进制和六十进制近似值。

具备精确进行天文计算的能力，要有精确详尽的三角函数表作为保障。而在三角函数表里，sin（1°）的值显得最为关键。因为其他大大小小的角度的正弦都是通过它来计算的。在阿尔卡西去世以后，兀鲁伯利用阿尔卡西算得的sin（1°）的值制作了一套详细到每分的正弦以及正切函数表,表中的数值都精确到了5位六十进制小数。他将这部数表附进了他编的《苏丹天文表》中——它是基于撒马尔罕天文台的学者们的研究,是对阿尔卡西的《哈加尼天文表》进行扩充后的版本。阿尔卡西的数学方法的精致与简练,以及运用它所达到的精确结果,使得一些数学评论家把他的研究结果当作是中世纪代数学的最伟大的成就。他所采用的迭代的运算方法,领先于欧洲的所有类似技术,直至19世纪才被更先进的算法取代。

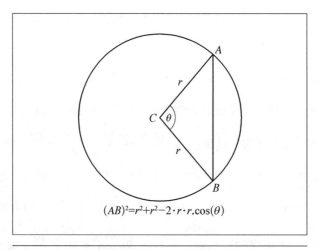

$(AB)^2 = r^2 + r^2 - 2 \cdot r \cdot r . \cos(\theta)$

阿尔卡西为计算弦长而得到的公式,恰好是余弦定理的一个特殊形式。在法国余弦定理被称为阿尔卡西定理。

同时,阿尔卡西为了确定弦(即以圆周上两点为端点的线段)的长度,还提出了一个公式:对于半径为r的圆,中心角θ所对应的弦长为$r\sqrt{2(1-\cos\theta)}$。若把圆心标记为C,线段的两个端点分别为A和B,那么弦长的公式可以被改写成$(AB)^2 = r^2 + r^2 - 2 \cdot r \cdot r \cdot \cos\theta$。这个公式恰好可以作为著名的余弦定理的一个特例。余弦定理是说,对于任何一个边长分别为a,b和c的三角形,其边长都满足关系:

$c^2=a^2+b^2-2\cdot a\cdot b\cdot\cos\theta$。尽管公元前3世纪的希腊数学家欧几里得在其著作《几何原本》（Elements）中证明出了其等价的形式，法国的数学家们仍然将余弦定理称作是阿尔卡西定理。

其他著作

除了数学上的3部主要著作以及早年的5本天文学论著外，阿尔卡西还有5篇没有标明创作日期的、相对次要的天文学以及计算数学的著作。在《天文表的阿拉伯化》一书中，他对天文表在历代阿拉伯学者的影响下的历史演变和进展进行了编年。他的《如何使用算板和粉笔做乘法》，则解释了使用流行的算板［译者注：即dust board，大致类似于现在的黑板。因为那时的数学计算过程需要经常对数字进行移动和擦除，所以当时的印度和阿拉伯人都使用粉笔（dust）在这种算板上进行运算，因而阿拉伯数字（Arabic numeral）也被称为dust numeral］进行十进制数的运算的方法，以此来代替使用手指、心算或者沙板算盘。

他在《天文表科学中的原因之钥》中阐释了三角函数表和行星表中的数值之间相互依赖的关系。在关于天文仪器的第三本著作《论星盘的构架》中，他解说了如何制造并架设星盘这种复杂精密的盘状仪器。利用星盘，水手、旅行家和天文学家们可以通过观测地平线和恒星之间的角度，来确定他们所处方位的经度、纬度。对于穆斯林们来说，他们有着面朝圣城麦加的方向进行日常礼拜的宗教惯例，而他的《论使用一种印度圆盘确定天房的方位角》论文，则描述了怎样使用一种印度发明的天文仪器来确定合适的朝拜方向。

结语

阿尔卡西把自己评价为一位创造性的数学家,为精确计算发展提供了有效的方法。他所提出的估算方法显示出了杰出的洞察力和高明的数学技巧,而他算出的 π 和 $\sin$(1°)的近似数值所达到的精确度,远远超出了前人。他成功地论证了十进制小数体系在计算上的优越性,并且发展出了行之有效的方法来估算各种建筑式样的面积和体积。

二 弗朗索瓦·韦达

（1540—1603）

现代代数学之父

法国数学家弗朗索瓦·韦达（François Viète）引入了一套规则——在代数方程中，使用元音字母来代表变化量，用辅音字母来代表方程中的系数。这种将运算符号化的革新措施，将代数变成了一个系统化的学科，韦达称之为"分析术"。他使用了很多新的办法来求二次、三次以及四次方程的解。他还是第一个在公式中使用无限运算来给出精确表达式的人。在法国与西班牙的战争中，韦达运用自己

韦达推广了一种用来表示变量与常量的符号体系，产生了深远的影响。

的天才能力破译了送给西班牙国王的情报中的密码，从此他的名声大噪。

律师、家庭教师、政府官员和密码破译员

韦达于1540年出生于法国西部的丰特奈–勒孔特（Fontenayle-Comte）。在他的数学著作中，人们还可能见到他的拉丁语化的名字——"Franciscus Vieta"及其属格"Fransisci Vietae"［译者注：拉丁语的名词用词尾的变化表示词在句子中的地位。属格表示"……的"，如"韦达（Vieta）"的属格为"韦达的（Vietae）"]。作为埃蒂安·韦达和玛格丽特·杜邦的儿子，从普瓦捷大学法律专业毕业后，韦达像自己的父亲一样进入法律界。进入法律界的韦达事业发展极为顺利，包括玛丽·斯图亚特（Mary Stuart）、苏格兰的女王、纳瓦拉的亨利（Henry of Navarre）——后来成为法国国王亨利四世在内的名人都是他的当事人。

1564年，韦达在显贵的让·德·巴得纳家庭任其女儿凯瑟琳的家庭教师。为了充分履行他的职责，他撰写了一系列论文。后来，这些论文中的部分著作被汇编成册，并在1637年以《宇宙学原理（选自韦达手稿）》为题目出版，其中包括了关于天体、地理学以及天文学的论文。在为这个家庭里工作的3年里，他还撰写了一些私人性质的稿件，其中包括《让·德·巴得纳·拉尔舍维克起居注》以及《家谱》。

1570至1602年间，韦达担任了一系列政府职务，包括议会顾问（counselor to the parliament）、国王特派员以及3位法国国王——查理九世、亨利三世和亨利四世的枢密顾问官。1589年，法国军队截获了一份送给西班牙国王菲利普二世的加密情报，韦达花了5个月的时间分析了这份情报的加密方法，并将最后破译的结果写在《指挥官莫里发给其长官西班牙国王的一份信件的破译》中报告给亨利四世。这份错综复杂的加密情报，除了对每个字母进行置换以外，还将400多个特定的词语用一些数字和字母的组合来代替。西班牙国王菲利普二世认为这套密码是不可能被破译的，认定韦达一定是使用巫术破解了这套加密系统。

早期的数学和自然科学著作

尽管韦达从来都不曾以数学为业，但他一直对数学研究保持着浓厚的兴趣，这一兴趣贯穿了这位业余数学家的一生。他尤其愉快地度过了两段集中进行数学研究的时光——一段是从1564至1567年，这是他作为凯瑟琳·德·巴得纳的家庭教师的3年；另一段是1584至1589的5年，他因为受到政敌的排挤而不得不退出宫廷，暂时中断了他的政治生涯。

在他的第一段闲暇时光以及其后的10年间，韦达将他的精力都投入了一本名为《通向天之和谐》的天文学著作的创作中。他一共写了5卷，因为忙于其他工作，因而从未将这部手稿发表。这部著作分析了公元2世纪的希腊天文学家托勒密以及16世纪波兰天文学家尼古拉斯·哥白尼（Nicolaus Copernicus）的行星理论。托勒密的理论相信，地球是宇宙的中心，而哥白尼的理论则认为太阳是宇宙的中心。经过分析，韦达断定托勒密的体系更加优秀——因为哥白尼的体系在几何学上缺乏根据。

作为这项研究工作的一部分，韦达还撰写了一篇冗长的专题论文，介绍了为理解其对行星模型的分析过程所必需的数学及天文学背景知识。这套4卷本专著的标题为《数学准绳，附关于三角学的附录》，于1579年出版了前两卷。在第一卷中，他给出了三角函数的三张表格：一张是给出经选择的直角三角形的边的整数边长，一张是对于$0<m<n<60$计算的$\frac{m\cdot n}{60}$的值，另一张与埃及历的计算有关。在专著第二卷中，韦达给出了他在造表时所采用的运算方法，并讲述

了怎样使用三角关系去求解平面和球面三角形，以及怎样运用三角方法来得到圆的内接三角形、四边形以及六、十、十五边形的边长。他还完成了这两卷关于天文学基础的书，但是没有出版。

韦达一直大力提倡使用十进制的小数，即以10的幂为分母的分数，来代替天文学家们已经使用了好几个世纪的六十进制分数。在《数学定律》一书中，他提出了4种表示十进制小数值的方法。比如，他曾建议将小数部分加一下划线，并使用比整数部分小一号的字体来表示小数，于是141 421.356 24就可以表示为141 421_{356 24}。在书中的其他地方，他还提出使用带分数$314\,159\dfrac{265\,35}{100\,000}$或者将整数部分用粗体表示，如用**314 159** 265 35的方法来表示数值314 159.265 35。再后面，他不但将整数部分用粗体表示，还用一条竖线将整数与小数部分分开，即用**99 946**|458 75来表示99 946.458 75。可以说，韦达对十进制小数的运用，为整个欧洲采用十进制来替换六十进制作出了贡献。

作为分析术而提出的现代代数学

韦达的"分析术"是他最重要的数学贡献。在16世纪80年代赋闲在家的那段时期里，韦达对这一想法进行了构思，并在随后的10年里将其加以整理和完善。他随即发表了部分成果，其余未被发表的部分在他去世后才得以公之于世。

1591年，韦达发表了《分析术引论》。他将这部代数学发展的里程碑式的著作题献给了他以前的学生凯瑟琳·德·巴得纳。在该书中，韦达引入了一套规则，将方程中的所有未知和已知量均用字母来表示。其中，元音字母A，E，I，O，U以及Y用来表示未知量或者变量。而大写辅音字母则用来表示已知量或者常量，韦达将其称为"系数"（coefficient）。在当时，撰写方程的通行规则是，使用字母或者单词（比如cosa，意为"东西"）来表示未知量；用一系列不同符号的组合来表示乘方或者开方；对于系数和常数，则在方程的剩余部分直接写上相应的数值。在描述求解某一特定形式方程的程序的时候，当时的数学家都是先用文字进行说明，再通过解几个方程作为例子进行解释。韦达提出的符号体系，使数学家们构建通用的方程理论成为可能——他们可以普遍地讨论整个一类方程及其求解的方法，而不再纠缠于一个个特定的方程之中。同时，他们还可以用过抽象的方法来表达方程的解以及系数值之间的关系。这种通过元音－辅音来表示方程的方法，被认为是数学史上最具重要意义的革新，为后来现代代数学的发展铺平了道路。

在这部书中，韦达还提出了一种更为先进的用来表示乘方的记号：他将未知量A的二次和三次幂分别记为A quadratus（即拉丁文的"平方"）以及A cubus（拉丁文的"立方"）。在此之前，15世纪意大利数学家拉斐尔·邦贝利（Rafael Bombelli）提出使用符号2和3，或者用字母Q和C来表示平方和立方，但这种记法没有表示出乘方的底数。相比之下，韦达的记法能够更好地反映出未知量A及其指数之间的关系。欧洲的数学家们于是都使用了韦达的元音－辅音符号以及他的指数的记号方法。直到1637年，法国数学家勒内·笛卡尔（René Descartes）发表了《谈谈方法》一书及其附录《几何》。在这一影响重大的附录里，笛卡尔基于韦达的想法，提出了至今为我们所通用的代数记号：即从字母表打头开始使用小写字母来表示已知量，从字母表末尾开始使用小写字母来表示变量。并提出了分别用

x^2和x^3来表示x的平方和立方的指数表示方法。

韦达所引入的符号体系,使得他得以重新定义代数学的意义和目的。他使用"分析术"这一称呼,来说明代数学,就像古希腊人的分析那样,是人们借以探寻数学真理的方法。在这一他称之为"合理探索的科学"之中,他区分了3种分析方法:zetetics、希腊人使用过的poristics,以及被称为exegetics的一种新的分析方法。其中zetetics涉及的是将一个问题转化为关联相应未知量与已知量的方程或者比例的过程;poristics是在证明或说明一条定理的过程中所采用的符号运算;exegetics则指为了确定未知量的数值,而在方程或者比例中所进行的符号操作。

韦达给出了详细而先进的符号化的代数运算过程。他整理了变换等式和求解方程的一些法则,其中包括移项(antithesis)——将等式的项从等号一边移到另一边;约分(hypobibasm)——将等式所有的项同时除以一个公约数;首项系数化为1(parabolism)——将等式变换为一个比值等。为了满足他的关于齐次性的基本定理,即需要满足方程中的所有项都具有相同的幂次数,他引入了辅助的具有不同指数的系数来补齐方程各项的幂。尽管这一方法使用起来非常麻烦,但却让他提出了"类的筹算术"(logistica speciosa),即使用不定的量来进行计算的方法。从而使得代数法则得以同样运用于数值和几何量之中——在古希腊人看来它们之间是不相关的。作为一种表达并解决问题的强大而普遍的方法,欧洲数学家们意识到了韦达的符号化代数运算体系的潜力,并将其称作"筹算分析"(logistic analysis)以及"新代数"。

1593年,韦达发表了他的关于分析术的更为详尽的著作《分析五篇》。在这部著作中,韦达讲述了在面对涉及均值、三角以及正方形的一系列问题时,如何使用代数方法构建并求解各种比例关系。同时韦达还给出了诸如通过已知两个数值的和、比值或平方和,来确定这两个数值的大小的这一类经典问题的代数解法。韦达还建议使用L来表示平方根[由拉丁文的"边"(latus)而来],以及使用LC来表示立方根(由拉丁文的"立方体的边"(latus cubus)而来)。使用这种记号,则可以使用$L64=\sqrt{64}=8$来表示面积为64的正方形的边长,并使用$LC64=\sqrt[3]{64}=4$来给出体积为64的正方体的棱长。这种记号,加上他关于齐次性以及幂次数的观念,显示出了几何学在他的代数学方法、术语和记号中所产生的重大影响。

 提供了多种解法的方程理论

　　韦达在代数运算中所采用的方法以及文字记号,使得他发展出了系统的方程解法。他提出了通用的方程理论,可以将各种不同的方程变换为有限的几种规范形式,然后使用代数、几何以及三角的方法来求解这些具有规范形式的方程。对于这些方法的阐述见于1593年发表的《几何补篇》,以及另外两篇在1615年他去世后才发表的《丰特奈的弗朗索瓦·韦达:两篇关于方程的整理与修正的论文》之中。这其中就有韦达关于二次、三次以及四次方程的解法。

　　为了求解二次方程,韦达确定了方程的系数与解之间的各种关系。其中,对于一类用我们现代的记号可以写成$x^2-bx+c=0$的方程,他给出了一种关系——利用这种关系,将待解的方程化为这种形式以后,确定出两个数使得它们的和为b,积为c,则得到了该方程的解。对于具有$x^2+bx=c$形式的方程,他提出,使用代换$x=y-\dfrac{b}{2}$则可以将方程转化为$y^2 = c - \dfrac{3b^2}{4}$。这样,在这一方程中,未知数只出现了一次,只需将方程两边开根,则可以求得方程的解。

韦达指出,运用与此类似的方法,所有的三次方程都可以简化为三种标准形式,并且给出了求解这三种规范形式的方程的程序。一种典型的方法是使用代换$x = y - \dfrac{a}{3}$,可以将形如$x^3+ax^2+bx+c=0$的方程简化为$x^3+dx+e=0$的形式,去掉了x^2的项。再使用另外两种代换方法,最终可以将方程简化为一个二次方程,通过求解二次方程,进而也就得到了原来的三次方程的解。这一系列简化方法得到了广泛的使用,并被称为"韦达代换"。

为了求解具有$x^3-bx=c$形式的三次方程,韦达引入了两个比例中项。比如对于方程$x^3-4x=192$,则需要找出在$\sqrt{4}=2$以及$\dfrac{192}{4}=48$之间的两个数m和n,使其满足比例式$\dfrac{2}{m} = \dfrac{m}{n} = \dfrac{n}{m+48}$。求得比例中项的值$m=6$以及$n=18$,即得到了原三次方程的一个解$x=m=6$。

韦达还讲解了如何使用三角代换来求解三次方程。对于具有$x^3-3b^2x=b^2d$形式的方程,使用代换$x=2b\cos(\theta)$以及$d=2b\cos(3\theta)$则可以构造出一个三角关系式。它表示了两个直角三角形之间的关系,使用三角函数表来求解这两个直角三角形,则可以有效地算得原来三次方程的解。

韦达用来求解三次方程的第四个技巧,显示出了他对于方程的系数与解之间直接关系的深刻理解。对于方程$x^3-ax^2+bx-c=0$的根r_1、r_2和r_3来说,它们与方程的三个系数之间满足关系$a=r_1+r_2+r_3$,$b=r_1r_2+r_1r_3+r_2r_3$和$c=r_1r_2r_3$。求解这三个简单的方程,则也就得到了原三次方程的根。17世纪20年代,法国数学家阿尔贝·吉拉尔(Albert

Girard）指出，通过给这种标准形式的方程引入合适的正负号，我们现在所称的"韦达定理"适用于表示所有多项式方程的根与系数之间的关系。

对于四次方程，韦达也给出了一系列代数代换，将方程简化为相应的标准形式，而这些规范形式都分别可以简化为两个二次方程。此外，他也给出了类似于三次方程的，描述四次方程的根与系数之间关系的4个等式。

韦达对于方程求解的研究，是对此前的数学家们工作的一大改进。因为区分元音－辅音的记号系统，使他得以减少了待解方程标准形式的数目，并更加有效地展示出方程根与系数之间的关系。因为他要求所有的系数为正，并且认为方程的解只有在为正的情况下才有意义，因此他并没能主动意识到他的这些普遍方法所具有的全部潜力和意义。尽管如此，韦达介绍分析术的著作仍然确立了他作为法国一流数学家的地位。

几何、三角与代数的进一步发展

在韦达的其他一些数学著作中，也分别对数学的不同领域提出了很多深刻的见解。1592年，他做了一系列公开的演讲，对法国数学家约瑟夫·尤斯图斯·斯卡利热尔（Joseph Justus Scaliger）的理论进行了反驳。斯卡利热尔宣称自己找到了使用尺规作图来三等分角，画圆为方，以及构造给定两个线段之间的两个比例中项 [译者注：即已知s, t, 求解$s : x = x : y = y : t$. 若$t = 2s$，消去y，该问题即化为尺规作图三大不可能问题中的"立方倍积问题"（$x^3 = 2s^3$）] 的方法。韦达所使用的论证十分有力,使斯卡利热尔被迫离开了法国。

第二年,韦达发表了《数学辩驳论集》,在这部涉及广泛的著作中,韦达提供了这些问题为何无法进行尺规作图的证明,并涉及了其他一些与经典希腊几何学相关的问题。他提出了七等分圆周的方法,由此可以得到圆的内接正七边形。通过构造圆的内接正$6 \cdot 2^{16}=393\,216$边形,他将π的值准确的估计到小数点后第九位:$3.141\,592\,653$。此外,他还给出了得到阿基米德螺线上任意一点的切线的方法。

在这本论集中,韦达还提出了两个涉及无限性的概念,显示出了他对于这一数学概念的深刻而成熟的见解。在解释圆实际是一个具有无穷多个边的正多边形时,他论证说,任何一条和圆相切的直线并不会和圆构成一个角度,是因为这条直线必然与这无穷多条边中的一条相重合。这一全新的论证明确了切线的角的意义,而且使用了并不被当时其他数学家所理解的极限的概念。另外一个涉及圆的情形中,韦达分析了计算圆的内接正$4 \cdot 2^{n}$边形无穷序列时的方法。通过考察序列中相邻的两个多边形周长的比率,他得到了一个

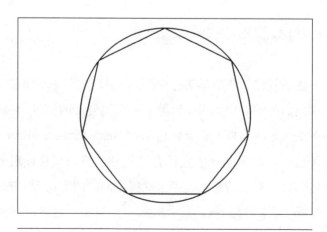

韦达解释了做出圆的内接正七边形的方法。

精确表述π的值的公式：

$$\pi = \cfrac{2}{\left(\sqrt{\cfrac{1}{2}}\right) \cdot \left(\sqrt{\cfrac{1}{2} + \cfrac{1}{2}\sqrt{\cfrac{1}{2}}}\right) \cdot \left(\sqrt{\cfrac{1}{2} + \cfrac{1}{2}\sqrt{\cfrac{1}{2} + \cfrac{1}{2}\sqrt{\cfrac{1}{2}}}}\right)\cdots}$$

以前各种估算π值的尝试，都是使用了有限个项来得到不同精度的近似值，而韦达的成就则在于，他首次成功地使用无限运算给出了π值的一个精确表达式。

在这本内容丰富的论集中，韦达还解释了不久前提出的被称为使用三角学近似计算乘除法（prosthaphaeresis）的运算方法。而在此10年前，包括克拉维乌斯和尤斯特·比约齐（Joost Bürgi）在内的一批德国天文学家和数学家，发展出了这一有效的方法，通过计算两个相关的数的和得出两个数的积。韦达解释了通过三角函数之间的关系，如何发展出包括$\cos(A) \cdot \cos(B) = \dfrac{\cos(A+B) + \cos(A-B)}{2}$和 $\sin(A) \cdot \sin(B) = \dfrac{\cos(A-B) - \cos(A+B)}{2}$在内的一套公式。韦达提出，人们可以使用三角函数表，通过找到与x和y相应的角度值A和B，使得x=cos（A），y=cos（B），然后在三角函数表中找到A与B的和角以及差角的余弦值cos（A+B）和cos（A−B），进而使用前面的公式得到$x \cdot y$的值。尽管韦达没有发现这些公式，但一位后来的数学家在他的基础上发表了一篇广为阅读的论文，提出了这些公式的含义，并使其应用得到了推广。

韦达对于三角函数之间的几何关系的探究，使他提出了使用简单的项sin（θ）和cos（θ），来表示$2 \leqslant n \leqslant 10$时的sin（$n\theta$）和cos（$n\theta$）的公式。其中，二倍角以及三倍角的公式早已被古希腊人所知，但更为一般的公式则是在韦达的著作《论用分析的方法分割角》（Ad

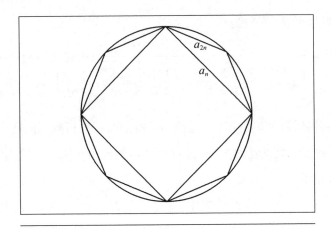

通过研究圆的内接n边形和2n边形边长之间的关系,韦达将π用
一系列平方根的无穷乘积表示了出来。

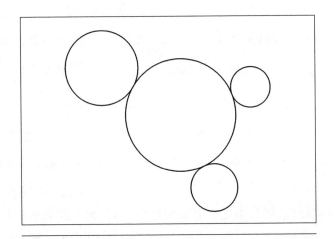

在得出了阿德瑞安·范·罗曼的方程的23个解之后,韦达作出
了与已知3个圆相切的圆。这是古希腊数学家阿波罗尼提出
的一个经典的几何问题。

angularium sectionum analyticem)中首次出现的,这一著作是在16
世纪90年代写成的,但直到1615年才得以发表。他给出的每个倍
角公式都是由sin(θ)和cos(θ)的不同幂所构成的多项式,其中每

项的系数都与展开式$(x+y)^n = x^n + nx^{n-1}y + \dfrac{n(n-1)}{1 \cdot 2}x^{n-2}y^2 + \cdots + y^n$ 中的系数相对应。在现在的术语中,这些系数值被称为二项式系数:$\dbinom{n}{0} = 1, \dbinom{n}{1} = n, \dbinom{n}{2} = \dfrac{n(n-1)}{1 \cdot 2}, \cdots, \dbinom{n}{n} = 1$。

1593年,比利时数学家阿德瑞安·范·罗曼(Adriaan van Roomen)正在挑战全法国的数学家们,求方程$x^{45} - 45x^{43} + 945x^{41} - \cdots - 3\ 795x^3 + 45x = K$的解。韦达在读到这个问题后的几分钟内就得到了一个解,并在第二天得到了另外22个正数解。意识到这一问题涉及$\sin(45\theta)$的展开式,以及$45 = 3 \cdot 3 \cdot 5$,他使用了分割角的方法,求解了两个三次方程和一个五次方程,进而得出了方程所有的正根。1595年,他在论著《对阿德瑞安·罗曼集合世界所有杰出数学家来解决的问题的回答》中发表了他的解法。在论著的最后,他挑战范·罗曼来解决使用尺规作图得到与三个已知圆相切的圆的经典问题。1600年,在范·罗曼使用两条双曲线解决这一问题后,韦达与他分享了尺规作图的解法。韦达在求解这两个问题时显示出的能力深深地打动了范·罗曼,范·罗曼专程到丰特奈来拜访韦达,他们相处了一个月,并且成了密友。

1600年,韦达发表了《论数的纯幂》——他生前发表的最后著作之一。他在其中解释了使用渐进求解多项式方程的方法。这种迭代的方法,使用一个近似值来获得解的第一位。这种重复代换以及代数简化运算的过程每进行一步,就得出方程数值解的后一位。韦达的方法类似于现在所谓霍纳法(Horner's method)的方法,只不过韦达的注意力被限制在了整数解上,而现代方法则可得到小数近似解。

结语

弗朗索瓦·韦达于1603年2月23日去世，此前两月他刚从亨利四世的宫廷职务退休，身后留下了大批数学著作。1615年，他的苏格兰同事亚历山大·安德森（Alexander Anderson）汇编并刊印了他的一些未完成的手稿。1646年，荷兰数学家弗兰斯·凡司顿（Frans van Schooten）编辑出版了韦达的著作集《数学著作集》（Opera mathematica）。

韦达著作集问世时，数学界已经吸收并且改进了韦达的大部分观点和方法。他使用元音和辅音分别表示方程中未知量和已知量的记号体系是一项重要而广为认同的革新，使数学家们得以发展出求解类似方程的一般方法。元音－辅音的概念提供了一种重要的思路，并在1637年被笛卡尔在他的符号体系中一般化了。韦达对多项式方程解和系数之间的关系的认识，导致了普遍的方程理论的发展，并使其成为17—18世纪代数学研究的焦点。他的分割角的方法强调了代数、几何以及三角之间的关系，直到今天，数学家们还在被称为"代数几何学"的数学分支中继续着这一研究。尽管他的分析术以及筹算分析不再属于"新代数"，韦达用普遍以及规范的术语进行思考的革新方法，推进了数学向现代代数以及符号结构学发展。

三　约翰·纳皮尔

（1550—1617）

对数发明者

苏格兰的业余数学家约翰·纳皮尔（John Napier）以世界上的第一张对数表简化了计算的过程。他富有影响力的著作为小数点这种有效分隔整数与小数部分的符号的普及起到了很大帮助。他发明的纳皮尔算筹（Napier's bones）成为广受欢迎的提高大数乘法运算效率的工具。除了他在数学上的贡献之外，这位"神奇的曼彻斯通人"还改进了农业技术，并画出了潜水艇等军事武器的设计草稿。

约翰·纳皮尔发表了第一张对数表，简化了计算的步骤。

发明家和神学家

1550年，曼彻斯通（Merchiston）的第八任地主约翰·纳皮尔出生于爱丁堡的曼彻斯通城堡。他是阿奇博尔德·纳皮尔爵士

（Archibald Napier）和他的第一个妻子，一位爱丁堡议员的女儿珍妮特·博思韦尔的长子。纳皮尔家族属于富有的乡绅阶层（贵族的最低等级）。他们在爱丁堡、伦诺克斯、门蒂斯以及加特尼斯都拥有地产。和祖辈一样，约翰·纳皮尔也在苏格兰王室下属的部门中工作。他主持着司法代表处的工作，于1565年获得了爵位，并在1582年成为造币厂厂长（Master of the Mint）。

约翰·纳皮尔姓名的拼写一直在变化。在他的著作封面上，他的名字曾以Jhone、John、Joannis和Joanne出现过，而他的姓则曾以Naipper、Napare、Napeir、Naper、Naperi、Nepair、Nepeir、Neper、Nepero和Neperus出现过。他生前在官方文件中注册的名字是Jhone Neper、John Napeir和Jhone Nepair。目前在数学文献中提到他时，一般都使用他的家族已采取的拼写——约翰·纳皮尔（John Napier）。

13岁时，纳皮尔进入了苏格兰法夫（Fife）的圣安德鲁大学圣萨尔瓦多学院（St. Salvator's College of St. Andrew's University）学习，在这里年轻的纳皮尔对神学产生了兴趣。他的母亲在他入校的第一年去世了，纳皮尔不久就中断了学业并听从了他的叔叔，奥克尼（Orkney）主教亚当·博思韦尔（Adam Bothwell）的建议，到欧洲大陆继续深造。1571年，在获得了高等数学和古典文学知识后，纳皮尔回到了爱丁堡。1572年，纳皮尔同伊丽莎白·斯特林（Elizabeth Stirling）结婚，她的家庭与纳皮尔家在加特尼斯拥有着相邻的地产。他们在加特尼斯的城堡中居住，婚后生了两个孩子阿奇博尔德（Archibald）和珍妮（Jane）。1579年，斯特林去世后，他又与艾格尼斯·奇泽姆（Agnes Chisholm）结婚，并育有5个儿子和5个女儿。1608年，他的父亲去世后，纳皮尔继承了曼彻斯通的城堡，并在那里度过了他生命中的最后9年。

纳皮尔作为一个涉猎广泛的革新家和发明家，享有不小的名声。

在农业领域,纳皮尔试验了使用食盐来除杂草并为耕地增肥。这项技术十分有效,以至于他在一本名为《用食盐来使各种土壤增肥的新程序》的书中发布了他的发现,为此政府将这一施肥模式的专利权授予了他的家庭。纳皮尔还享有自己设计的一种带有旋转轴的液压螺旋机的专利权,这种机器可以抽取煤井中的水,是由公元前3世纪希腊数学家叙拉古的阿基米德所发明的螺旋吸水器改进而来。作为顾问,他还发明了一种专门的测量技术,用于测量地主的土地。1596年,他公布了一篇名为《秘密发明》的简短手稿,其中描述了4种军事用途的机器的设计,并讨论了建立最初模型时的经验。这些机器包括:一种具有孔洞的圆形装甲战车,其内的士兵可以透过这些孔洞向任何方向发射武器;一种可以在水下发射炮弹的潜艇;一种可以杀死敌军及其战马的快速火炮;一种可以将阳光汇聚到敌舰上使之着火的镜子(又一受阿基米德启发的想法)。他的多种发明及著作为他赢得了尊敬,并被同胞们称为"神奇的曼彻斯通人"。

1593年,作为一位坚定的长老会教徒,纳皮尔发表了5年神学研究的成果,这一关于圣经启示录的著作名为《圣约翰启示初探》。在这本书中,他激烈地抨击了天主教教义。纳皮尔将这部著作题献给了苏格兰国王詹姆士六世,即后来的英格兰国王詹姆士一世,并鼓励国王审查议会议员们对其宗教是否忠诚。这本书在新教欧洲广为流传,其法语、德语及荷兰语译本供不应求,被多次重印。

巫师的传言

纳皮尔生活中的一些事件及其个人习惯,使得他的同时代人怀疑他懂得魔法。他们指控他向一群鸟施咒，用魔法操纵一只公鸡抓贼，以及使用超自然能力来定位埋藏的宝藏。这些说法，连同他种一手好庄稼的本事，穿着长袍绕着自家土地散步的习惯，以及他对安静、离群索居的生活方式的偏爱，使得许多观察者一致认为他是一个巫师。

纳皮尔很多有趣的事情和他的个性特点的细节，反映了他杰出的心智能力和天才的逻辑运用。为了捕获一群总是吃掉庄稼的鸽子，他将一批种子用酒精浸过并撒在了地里。第二天早上，他将大量意识不清的鸽子关了起来，直到鸽子主人偿还了被鸽子吃掉的种子的价钱才罢休。还有一次，为了找出哪个仆人偷了他的东西，他要求每个仆人走进一个漆黑的房间，并抱一下一只羽毛被煤灰涂黑的公鸡。通过检查仆人的手，他确定贼就是那个双手还很干净的人，因为他并没有碰那只公鸡。1594年，纳皮尔同意运用他的思维能力来定位一个埋藏于贝里克郡（Berwickshire）的法斯特堡（Fastcastle）的财宝。尽管签订了合同，由他来主持寻找里斯塔尔里格（Restalrig）的罗伯特·洛根（Robert Logan）的财宝，但是他是否曾经亲自参与此次寻宝行动还是一个疑问。除此之外纳皮尔庄稼的高产也是由于他科学改进了施肥技术。

纳皮尔散步的癖好以及他对独处的偏爱正是他作为一个业余数学家的工作习惯。他从来都没有成为一个专职的教师或研究者、不从属于任何数学团体，同职业的数学家或学者也没有往来。他一直独自在城堡里工作，并经常绕着他的土地漫步，沉思数学问题。为了使他在专注于数学时不被打扰，纳皮尔总是要求在附近磨坊干活的工人刹住水车，不让水车的响声分散他的注意力。

纳皮尔算筹对乘法运算的帮助

终其一生，纳皮尔都保持着发明技术和仪器来简化运算程序的兴趣。16世纪70年代初期，从欧洲大陆回来不久，他撰写了第一部数学著作。这部主要涉及算术和代数的著作共分为五部分，阐述了一些运算的高效方法，描述了精简的代数符号并探究了方程的虚根。他使用"充盈"（abundant）和"欠缺"（defective）两个词分别表示正量和负量，当时的正负概念尚未成熟，也没有规范的术语。如果这些思想当时发表的话，将大大推动代数学的发展。这部著作直到1839年才被他的后代以《论逻辑方法》为书名发表。此时，这一思想已经被其他数学家发现并发表。

45年之中，纳皮尔发展出了3种用机械的方法来进行高效的算术运算。1617年，他将对这些方法的详细描述在一本名为《记号算术法》的书中发表。他将这本书题献给了邓弗姆林（Dunfermline）伯爵赛丁大法官（Chancellor Seton）。这本书的名字就以这种运算方法命名，这一方法涉及使用一套刻有数字的木尺进行算术运算，以纳皮尔算筹而著称，每套运算工具都包括一些木制、骨制或象牙的方杆。每根杆的四边上都刻有0到9的某个数的前10个倍数。这种算筹将乘法运算简化成了大部分人都可以进行的简单的加法运算。书里还解释了如何用算筹进行除法和开方运算。这种算筹在欧洲广泛传播，流行于藏书家、会计师和小学生中。

《记号算术法》的第二部分描述了一种纳皮尔发明的叫作算仓（promptuary）的计算机器，以及利用它进行乘法计算的过程，称为promptuarium multiplicationis。一套算仓包括一组刻有数字的金属板,以及用来容纳它们的盒子,最早的计算机器之一,但是没有得到广泛的接受。

在《记号算术法》的附录中,纳皮尔描述了一种叫作"位置算术"的计算法。首先,他给出了用棋盘格上的位置来将正整数表示为2的幂次的和的方法。然后,他解释了如何用这种位置的二进制记数法来进行加减乘除和开平方运算。他描述的方法与现代计算机表示和处理数字的方法非常相近。如果当时存在指数和二进制数的有效的表记的话,这种创新的计算法可能会对推动计算机器的改进。

方便计算的对数

1590至1617年,纳皮尔作出了他在数学领域最重要的贡献——引进对数概念。他在两本书中解释了对数计算的体系,这两本书的出版顺序和写作的顺序相反。1614年,他出版了《论述奇妙的对数表》,这本著作题献给了查理王子,即后来的苏格兰国王查理一世。纳皮尔在这本书中解释了怎样运用对数来解决三角问题,并给出了一个详细的对数表。1619年,即纳皮尔死后两年,他的儿子罗伯特(Robert)誊写并发表了与此相应的另一部著作《构造奇妙的对数表》,纳皮尔在其中解释了对数数值的几何根据,及其构造出对数表的过程。

最初,纳皮尔将对数称为"人造数"(artificial numbers),并且在《构造》一书中都使用这样的称呼。但在他撰写《论述》一书时,他发明了"对数"(logarithm)一词,它是由希腊单词"比率"(logos)

和"数"（arithmos）两个词组合而来。对于每一个介于0°和45°之间的角θ，他的对数表给出了$\sin\theta$，$\cos\theta$，$\log\sin\theta$，$\log\cos\theta$和$\log\tan\theta$的值。长达90页的表格计算了精确到每分$\left(\frac{1}{60}度\right)$的2 700个角度，对应的5种计算都给出了7位数字的精确数值。

在《论述》一书中，纳皮尔解释了他的对数具有的一种基本的性质，即若4个数a，b，c和d满足关系$\frac{a}{b}=\frac{c}{d}$，则它们的对数值则满足关系$\log a-\log b=\log c-\log d$。继而，他

在1614年的论著《论述奇妙的对数表》中，纳皮尔提出了第一张对数表。

指出人们可以使用这一性质，在不需进行乘除及开方运算的情况下，求出已知两条边长的直角三角形的角度值。例如，对于斜边为c的直角三角形，若角A的对边长为a，则这三个量可以用方程$\log\sin A=\log a-\log c$联系起来。对于非直角三角形，纳皮尔则用他的对数方法简化了运用正弦定理的计算，即将等式$\frac{\sin A}{a}=\frac{\sin B}{b}$转化为$\log\sin A-\log a=\log\sin B-\log b$。对于任意三角形，若人们已知两个角和其中一角所对的边长，或已知两个边和其中一边所对角度值，则可以通过正弦定理求出第四个量。而纳皮尔的对数方法则使得这种运算可以仅仅通过相应对数值的简单加减来完成。与此类似，他还指出运用对数方法可以将正切定理

$$\frac{a+b}{a-b}=\frac{\tan\left(\dfrac{A+B}{2}\right)}{\tan\left(\dfrac{A-B}{2}\right)},$$ 简化为 $\log(a+b)-\log(a-b)=\log\tan\left(\dfrac{A+B}{2}\right)-$

$\log\tan\left(\dfrac{A-B}{2}\right)$。已知三角形的两边 a 和 b 以及它们所夹的角 C 的值，人们可以通过这一对数方程式以及关系式 $A+B=180°-C$ 来求得另外两个角 A 和 B。

在《构造》一书中，纳皮尔解释了他构造出对数表的方法。他是通过对直线上两点所运动的距离之间的关系来进行计算的。第一个点做匀速运动，即在相等的时间段内前进相等的距离；第二个点向一个固定点做减速运动，速度与剩下的路程成正比。让这两个点同时以相同的初速度出发，第一个点走过的距离称为 L，第二个点还要走的距离称为 N，纳皮尔给出他的对数的定义为 $L=\log N$。因为他假设他的第二个点离那个固定点 $10^7=10\,000\,000$ 单位远，纳皮尔的对数定义中的 L 和 N 有着如式子 $10\,000\,000\,(.999\,999\,9)^L=N$，或 $10^7\left(1-\dfrac{1}{10^7}\right)^L=N$ 所述的关系。

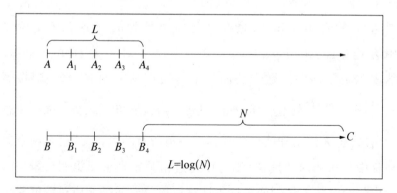

$$L=\log(N)$$

纳皮尔设从 A 出发以匀速运动的点所走过的距离为（L），设从 B 向 C 减速运动的点还剩下的距离为（N），他的对数定义则将这两个量通过方程 $L=\log N$ 联系起来。

为世界所赞誉的对数

伦敦格雷西姆（Gresham）学院的几何学教授亨利·布里格斯（Henry Briggs）很快就意识到了纳皮尔对数概念所具有的巨大意义。1615至1616年间，他多次拜访纳皮尔，并在他家长期驻留。两位数学家修正了对数体系的数值范围，规定了log 1=0和log 10=1。这一改进后的对数系统，也就是我们今天称之为常用对数或者以10为底的对数。它具有诸如log（ab）=log a+log b, log $\left(\dfrac{a}{b}\right)$= log a−log b以及log（a^b）=$b$log a等性质。布里格斯在其1617年的著作《最初1 000个数的对数》中发表了他们合作的成果以及第一张常用对数表。直至20世纪的所有对数表，都以这张对数表为根据。

纳皮尔开创了对数的研究以及第一张对数表的出版，迅速在数学以及天文学界产生了广泛的影响。1616年，爱德华·怀特（Edward Wright）将《论述》翻译为英文，进一步传播了纳皮尔的对数思想。约翰·斯彼得（John Speidell）在1619年的著作《新对数》中提出了纳皮尔对数的一个变种——自然对数，即以近似值为2.718 28的常量e为底的对数。尽管纳皮尔当初并没有预想到对数即为底的乘方数，但他最初的对数本质上就是以1/e为底的对数。德国天文学家约翰内斯·开普勒（Johannes Kepler）将他1620年的著作《星历表》题献给了纳皮尔，声称对数的发明是他得以发现行星运动第三定律的关键。包括开普勒在内的许多天文学家都意识到使用对数可以有效提高运算效率，并迅速吸纳对数作为天文计算中的标准方法。

正当对数的使用在欧洲得到流行时，3位英国发明家制造了对数刻度的机械计算装置。1624年，布里格斯在格雷西姆学院的同

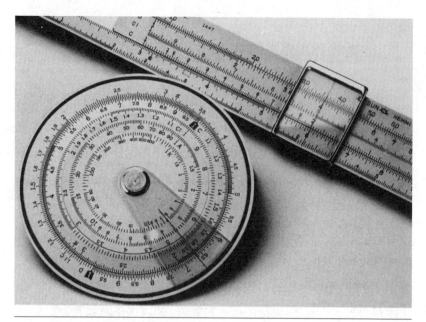

具有可移动的对数刻度的圆形及直线计算尺，直至20世纪70年代都是流行的计算设备。

事、天文学家埃德蒙·甘特（Edmund Gunter），发明了甘特氏尺规（Gunter's scale）——一种2英尺（61厘米）长的标有对数刻度的单根尺子。人们可以使用一支两脚规，通过将两个数的对数值相加，来求得它们的乘积。在此后的8年里，数学家理查德·德拉曼（Richard Delamain）和威廉·奥特雷德（William Oughtred）也都发明了圆形的计算尺，这些计算尺均有一对中心固定的金属盘，盘的外面对应有对数的刻度，通过转动圆盘可以将两个数的对数值相加。为了满足做除法的需要，1632年，奥特雷德又发明了嵌有两个相邻的甘特尺型计算滑尺的计算直尺。计算尺迅速得到了欢迎，并且被广泛使用。作为数学、自然科学以及工程计算中最为常用的工具，计算尺一直流行了300多年，直到20世纪70年代才被掌上电子计算器所取代。

在德国工作的瑞士数学家尤斯特·比约齐在与纳皮尔相同的年代独立发明了对数的概念。在他的对数记号里,他将 $100\,000\,000\,(1.000\,1)^L =N$ 中的 $10L$ 称作"红数"(red number),而相应的将 N 称作"黑数"(black number)。比约齐的对数概念使用了与纳皮尔相同的基本原理,但是采用了不同的数值和术语,并且没有几何学的动机。在1620年,他发表了著作《算术与几何进数表》,他通过给出一张反对数表,发表了他的对数思想。尽管纳皮尔的著作比约齐发表得更早,但数学家们通常还是将他们二人一齐认定为对数概念的发明者。

 其他的数学贡献

除了对数的概念,纳皮尔还在《论述》和《构造》中提出了其他一些数学思想。在这两本书以及《记号算术法》中,他提倡人们使用逗号或者句点来区分数字的整数部分以及小数部分。比利时的西蒙·斯台文(Simon Stevin),德国的马纪尼和克拉维乌斯分别在16世纪80年代和90年代使用了类似的记号,但是他们的小数点并没有得到广泛的使用。而纳皮尔的《构造》一书的流行及其影响力,使得小数点在整个欧洲成为通行的记号。

还有4个在球面三角中用到的公式,最早是在《构造》一书中出现的,被称为纳皮尔法则。若一个球面三角形的三条边长分别为 a、b 和 c,三个角分别为 A、B 和 C,则它们之间的关系可以由下面的公式来表达:

$$\frac{\sin\left(\dfrac{a-b}{2}\right)}{\sin\left(\dfrac{a+b}{2}\right)}=\frac{\tan\left(\dfrac{A-B}{2}\right)}{\tan\left(\dfrac{C}{2}\right)} \qquad \frac{\cos\left(\dfrac{a-b}{2}\right)}{\cos\left(\dfrac{a+b}{2}\right)}=\frac{\tan\left(\dfrac{A+B}{2}\right)}{\tan\left(\dfrac{C}{2}\right)}$$

$$\frac{\sin\left(\dfrac{A-B}{2}\right)}{\sin\left(\dfrac{A+B}{2}\right)}=\frac{\tan\left(\dfrac{a-b}{2}\right)}{\cot\left(\dfrac{c}{2}\right)} \qquad \frac{\cos\left(\dfrac{A-B}{2}\right)}{\cos\left(\dfrac{A+B}{2}\right)}=\frac{\tan\left(\dfrac{a+b}{2}\right)}{\cot\left(\dfrac{c}{2}\right)}。$$

在他生前完成的《构造》的手稿当中，纳皮尔仅仅记述了这4个等式中的一个。在布里格斯帮助出版该书的过程中，他将另外3个公式作为附注加了进去。鉴于从其中一个等式得到另外3个并不困难，因而数学家们一般把纳皮尔当作是这一整套公式的发明者。这套公式使得人们可以通过已知的某一球面三角形的4个几何量，求得该球面三角形的所有参数。

在《论述》中，为了帮助记忆求解球面三角形需要用到的三角公式，纳皮尔提出了一套记忆系统。这是一种通过循环的模式来排列球面三角形的5个几何参数的方法，被称为纳皮尔循环参数法则（Napier's rule of circular parts）。任一参数的正弦值都可以便利地通过其他参数的余弦及正切值来确定。

 结语

纳皮尔于1617年4月4日去世，他发明的对数概念对数学产生了深远的影响。对数的产生确立了数学成为一门严格的计算科学。如此重要的数学概念，很少像对数这样由一个人独立研究提出，没有前人研究的基础。纳皮尔在他的《论述》一书的介绍中声称，读者在这本书里得到的可以与1 000本书里的东西一样多,这种说法也许并不夸张。在18世纪晚期,法国数学家皮埃尔-西蒙·德·拉普拉斯(Pierre-Simon de Laplace)评论说,对数的发明大大地缩短了天文计算的时间,可以说延长了天文学家一倍的生命。由于详尽数表以及计算尺的发明,对数方法成为其后350年里人们进行乘除及开方运算的首要方法。现在,人们在很多科学领域仍然使用着对数标度:比如标定液体酸碱度的pH值,量化声音强度的分贝值,以及确定地震强度的里氏震级(Richter scale)等。

四 皮埃尔·德·费马

（1601—1665）

现代数论之父

皮埃尔·德·费马发掘了素数的一些性质，并对整数的幂以及整除的特性进行了研究，这些已经成为现代数论研究的基石。

皮埃尔·德·费马（Pierre de Fermat）的很多重要的数学思想，都是在自己与其他数学家的通信中提出的，这些想法主要在4个数学领域中产生了重要的影响和贡献。他推动了解析几何基本概念的发展，并同笛卡尔一起分享了作为解析几何创立者的荣誉。他发现了一系列的方法，用来计算简单曲线的极大值、极小值、切线方程和曲线面积，其中对曲线面积的计算方法，还预示着后来微积分的发明与应用。

在与布莱士·帕斯卡（Blaise Pascal）的信件中，他还协助帕斯卡，将概率论的基本思想公式化。他关于素数、整除性以及整数的幂的定理和猜想引导了现代数论的发展。

业余数学家

费马于1601年8月出生在法国南部的博蒙−德洛马涅。根据天主教堂的记录,他在那一年的8月20日接受洗礼,但他也有可能是1598年8月17日出生。他的父亲多米尼克·费马是个成功的皮革商人,还是博蒙地区的第二执政官,相当于当时市长的职位。他的母亲克莱尔·德·隆来自司法界的(被称为"长袍贵族")显贵的家庭。

费马在当地的圣方济教会学校学习了古典语言和文学,然后进入图卢兹大学(University of Toulouse)学习。1631年5月,他在奥尔良大学(University of Orléans)获得民法学士学位。两个月后,费马与他母亲的堂妹路易斯·德·隆结婚,并和她生下了2个儿子和3个女儿。此后,他在图卢兹法院花钱谋得了一个律师的职位,并担任国王特派员。婚姻以及在司法系统内的职位,使得费马也跻身长袍贵族的行列,并在名字里也加上了一个"德"字以显尊贵。1638年,费马晋升为调查律师(conseiller aux requêtes),1642年进入最高刑事法庭以及大理院大法庭任职,并且在1648年成为枢密院(Conseil du Roi)议员。

费马的职业保证了他有大量的业余时间发展他的各种爱好。他不仅熟练地掌握了五门语言,喜欢用拉丁文、法语以及西班牙语作诗,还撰写了不少随笔,讨论拉丁语和希腊语文学。当然,最终吸引他投入最多精力的,还是数学。这一爱好占据了他绝大部分的业余时间,从17世纪20年代末直到1665年1月12日他去世的那天为止。通过信件往来,他同一大批职业数学家们交流自己在数学上的发现。经常是和他通信的那些数学家们，把很多费马的想法加以整理，并加入到他们自己的关于解析几何、概率论和微积分的著作中将其发表。在当时，他在数论方面的大量深入的研究没有得到足够的重视，直到一个世纪以后，这些研究的重要意义才被瑞士数学家莱昂哈特·欧拉（Leonhard Euler）及其同时代人所发现。

 ## 解析几何的起源

　　17世纪20年代，在进入奥尔良大学学习法律之前，费马在波尔多（Bordeaux）待过几年，在那里同一批数学家一起学习过。他们当时正在编辑出版16世纪法国数学家韦达的代数学著作。费马还试图重修公元前3世纪古希腊数学家阿波罗尼（Apollonius of Perga）的著作《平面轨迹》。阿波罗尼的这一著作涉及构成直线和圆周的点集的问题，费马使用了韦达的代数方法重新论证了阿波罗尼的结论。他在论证过程中引入了一套坐标系统，通过这套坐标系统，他可以建立起具有两个变量的方程，来描述任意直线以及圆周上的点的轨迹。通过对这两种曲线的特殊形式的研究，他发现了一种在几何形状以及代数方程之间建立联系的方法。

　　在重修完阿波罗尼的著作之后，费马花了两年的时间发展出一套更为普遍的关于方程以及图形的理论。他在一篇标题为《平面及立体轨迹引论》（Ad locos planos et solidos isagoge）的手稿中阐释了这一理论。他在这篇论文中指出，具有 $ax^2+by^2+cxy+dx+ey+f=0$ 形式的方程都描述了一条直线，或者是一个圆、抛物线、双曲线或椭圆。由于抛物线、双曲线和椭圆都可以通过一个平面和圆锥面相切而得到，因此费马将这三种圆锥曲线称为"立体曲线"（solid curves），而对直线和圆保留了约定俗成的"平面曲线"（plane curves）的称呼。通过对这种基本函数图形和方程之间的联系的系统化定义，费马为现代解析几何奠定了基础。

1636年，费马把他的两篇未发表的手稿寄给了一位住在巴黎的耶稣会教士兼数学家马兰·梅森（Marin Mersenne），梅森平时负责为全法国的数学家们通讯传递最新的数学发现。与此同时，另一位法国数学家笛卡尔即将完成他的一本名为《谈谈方法》的著作，这本书有一个纯数学内容的附录《几何》。在这一附录中，笛卡尔提出了和费马基本一致的关联代数与几何的方法。阐述这一步骤时，费马是从一个代数方程出发，来构造出相应的曲线；而笛卡尔则是从一条曲线的几何描述着手，来获得方程。这两位数学家独立发展出他们的方法，并共同分享创立了解析几何的荣誉。但是，由于笛卡尔提出了一系列更加普遍的方程，这一思想在1637年他的著作发表后得到了更为广泛的流传，因而数学家们往往更加容易把笛卡尔的名字和解析几何的创立者联系起来，并且把具有x轴和y轴的坐标系称为"笛卡尔坐标"（Cartesian coordinates）。

在以后的15年里，费马继续不断地发展并与他人分享着他的关于分析几何的思想。在读到了《几何》之后，费马批评笛卡尔对于曲线的分类过于复杂，认为$2n$和$2n-1$次的曲线可以用更简单的n次曲线的形式来理解。这一意见导致了两位数学家之间持续一生的激烈争论。费马在1643年出版的论文集《平面轨迹引论》中，试图将解析几何的方法推广到三维几何对象上去。尽管他的尝试并不具有数学上的可操作性，但他的想法仍然为高维度解析几何体系奠定了代数基础。他在1650年的著作《二次及高次方根的新解析运用》中，指出具有一个、两个以及三个变量的方程分别对应于点、线和面。他通过变量数目来归类方程,并将其与点的轨迹的维度相对应的思想,为后来数学家推广他和笛卡尔的理论奠定了基础。

 ## 微积分的基本思想

当费马关于解析几何的思想趋于成熟时,他发展出了多种方法来对抛物线、双曲线以及椭圆的图线进行分析。在牛顿和莱布尼茨(Gottfried Leibniz)创立微积分的30年前,费马已经开始在一些类别的函数上运用了微积分的核心概念。在1636年他给梅森的第一封信中,描述了他对公元前3世纪希腊数学家的阿基米德螺线进行的扩展。在阿基米德所提出的 $r=a\theta$ 形式的螺线基础上,他对更普遍的 $r=(a\theta)^n$ (n 为任意正整数)形式的螺线进行了研究,并发展出了一套方法来计算这一模型下的相关的面积。在同一封信件中,他还对自由落体运动提出了自己的想法,并通过两个例子解释了寻找抛物线极值点的方法。

梅森希望得到费马寻找极值点方法的更深入的细节,于是费马将他的手稿《确定极大值与极小值的方法》(Methodus ad disquirendam maximam et minimam)寄给了他。费马借用了3世纪希腊数学家、亚历山大学派的丢番图(Diophantus of Alexandria)的"逼近法"(adequality),通过假定曲线分别在 A 和 $A+E$ 两点取到其极值来对曲线进行分析。在建立关于曲线方程的系数与这两个根的关系的方程之后,他让这两个根相等。求解得到的方程即可得到唯一的极值点。

在这份手稿的末尾,费马介绍了他的最大值、最小值方法的两个应用：怎样确定抛物线以及双曲线的任意一点的切线的斜率，以及怎样寻找一段抛物线的重心。笛卡尔在1638年得知了费马的切线方法后，批评费马的方法不合逻辑并且作用有限。不过后来他发现这一方法比他自己所发明的复杂方法更为有效，于是又改变了他的观点。尽管费马的方法仅仅限于对具有$x^n y^m = k$（m和n为正整数）形式的曲线进行分析，但后来这一方法被扩展到所有函数，并与用于表示切线斜率的现代的导数定义相一致。

在此后的25年里，费马继续研究着微积分技术。他在1643年给法国数学家皮埃尔·布鲁拉尔·德·圣马丁（Pierre Brûlard de Saint-Martin）的一封信中，描述了通过考察曲线在某一极值点的凹凸性，来确定该点是最大值还是最小值的方法，亦即现在称为二阶导数检验的方法。对于具有$y^m = kx^n$和$x^n y^m = k$形式的抛物线和双曲线，他在1646年发展出了通过对无穷多的一组矩形的面积求和，来确定这两种曲线下的面积的方法。不同于具有统一的宽度，费马是使用几何级数来描述矩形所具有的变化的宽度的。尽管如此，费马的方法还是捕

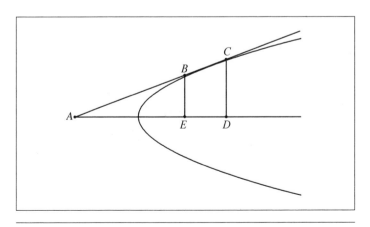

费马发展出了一种通过相似三角形的边来计算抛物线切线的斜率的方法。

捉到了现代的积分理论的基本思想。1660年,费马同意法国数学家安托万·德·拉鲁贝尔(Antoine de La Loubère)在其著作的附录中发表他关于计算曲线弧长的方法。这一附录的题目为《关于曲线与直线比较的几何论文》。在给这篇文章署名时,费马使用了隐秘的假名"M. P. E. A. S.",这是费马生前唯一正式发表的著作。

1662年,费马根据其最大值的理论,推出了一条光学定律,即所谓的费马原理。费马原理是说,光线在不同密度的介质(如空气和水)中折射或者反射时,总是沿着光程最短的路径传播。尽管他曾经批评过笛卡尔在1637年给出的对这一原理的最初表述,但他又重新考虑了笛卡尔的这一想法,并在题目为《折射分析》的一篇手稿中为这一物理定律给出了数学根据。这一微积分方法在物理情形下的应用,是费马少数的几次在理论数学领域之外的冒险活动之一。

费马发掘了微积分的所有核心思想,但是数学家们并没有把他看作是微积分的发明者之一。他没有意识到曲线下的面积以及切

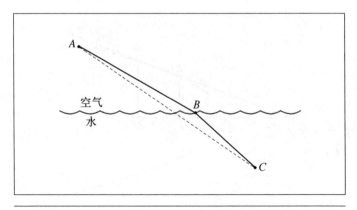

在光学里,费马原理解释了光线以不同的速度在空气与水中传播时,为使从A点传播到C点所需的时间最短,所必须遵循的折射路线。

线的斜率都是给定曲线的函数,也忽略了微分与积分之间存在的互逆关系,即被称作微积分基本定理的概念。他的非正式的手稿仅仅涉及了有限的函数类型,并没有得到广泛的传播,而且也没有对后来更为一般的微积分思想的发展产生了值得关注的影响。然而,牛顿后来称赞道,费马关于切线的思想为他的导数定义提供了灵感。

概率论的基础

1654年,法国数学家帕斯卡给费马写信,就公平解决骰子游戏中的赌注问题询问费马的意见。信中描述了一个赌徒尝试在八次投掷中得到一个6点,而在3次失败后中断了游戏。帕斯卡询问了如何在中断游戏的情况下,对赌徒的赌注和可能得到的奖金进行分割的问题。回信中,费马计算了游戏中剩下的五次投掷可能产生的结果的数目,以及这些结果中赌徒获胜所占的分数。基于这两个数的比率,他建议赌徒应该得到相应一定份额的赌金作为补偿。

在6个月内,帕斯卡与费马进行了一系列的通信,并在这些通信中将一些机会游戏进行分析的数学方法公式化。他们对微积分方法进行了概括的论述,对对方的想法提出了批评性的建议,并逐渐公式化了概率论的基本概念。1657年,荷兰数学家克里斯蒂安·惠更斯(Christiaan Huygens)在他的一本简短但内容精密深奥的小册子《论骰子问题中的推理》中,吸收了很多他们二人关于赌博问题的思想。这本小册子一直到17世纪末都是概率论的首要文献,而费马与帕斯卡关于数学期望与排列组合的许多合作成果一直到1713年,才被瑞士数学家雅可布·伯努利(Jakob Bernoulli)在其著作《猜想术》

中运用,并发展为更为规范的概率理论。

确立了现代数论基础的素数及整除性问题

费马在数论中作出了最为重大的贡献。在丢番图及阿波罗尼等希腊数学家的成果基础之上,他提炼了这一学科的焦点问题,提出了新的问题和结论,最终将经典数论转变为现代数论。与他的希腊前辈们同时研究整数和分数有所不同的是,费马将他的注意力都限定在了正整数的性质以及整数系数方程的整数解上。

费马与数学同行们通信交流着据称已被他证明的定理,以及他认为似是而非的猜想。他还会在信件中举例来阐明一些有趣的想法,并提出很多他认为可以给学科带来趣味的挑战性问题。但与他在其他数学领域中的习惯不同,他在关于数论的著述中只包含一个完整的证明,并且很少为怎样得出这些结论提供什么线索。1643至1654年间,他经历了一段时间的政治骚动,并且健康状况不佳,于是完全将自己与世隔绝,停止了所有的信件往来,全身心地投入到了数论的研究中去。

费马关于数论的最早的著作探讨了一个正整数与其真因数(比该数小的能整除它的正数)的和之间的关系。他发现一个公式可以给出一个数的所有真因数的和,并把它运用在了对完全数(与其真因子的和相等的数)的研究之中。他证明了在20及21位数中不存在完全数,推翻了普遍认为存在每一种位数的完全数的观点。他综合了关于完全数的观点,并详细研究了诸如120或672这样的等于其真因数和的一半的数,以及等于其真因数和的 $\frac{1}{3}$、$\frac{1}{4}$ 以及 $\frac{1}{5}$ 的数。

通过对于与此相关的亲和数的研究，费马发现17 296以及18 416两个数分别与对方的真因数的和相等。梅森在1637年的著作《宇宙和谐论》中发表了一些费马关于真因数的结论。

费马多数数论研究都与素数有关。素数是诸如2, 3, 5, 7, 11等只有唯一真因数1的整数。在他与法国一流的数论学家贝尔纳尔·弗兰尼克尔·德·贝西（Bernard Frénicle de Bessy）的一系列信件往来中，费马与他分享了关于具有2^n-1形式的素数的一些新的结论，这类素数最终被称为梅森素数。费马证明，如果n不是素数，则2^n-1也不是素数。如果n是素数，则2^n-1的所有因数都可以用$2mn+1$来表示。他举例说，223作为$2^{37}-1$的一个因数，可以写成$2 \cdot 3 \cdot 37+1=223$。他还对梅森素数与完全数之间的联系进行了研究。

在1640年写给弗兰尼克尔的一封信中，费马叙述了一个现在被称为费马小定理的基本结论：如果a是一个整数，而p是一个素数，则a^p-a可被p整除。这一重要结论不仅仅在素数研究中处于核心地位，同时也是群论、方程理论等其他现代数学分支的一条基本原理。费马以其通常的风格在信里说明，他对这一结论的证明因为太长而不适宜被附在信里。欧拉在1736年完成了这一结论的第一个已知的证明，并在1760年将这一定理推广为更普遍的形式。此后，许多数学家都发掘出了与这一深刻定律相关的各种重要性质。

终其一生，费马都在为是否所有诸如$2^{2^n}+1$形式的数都是素数的问题而奋斗。具有这种形式的前5个数分别是3, 5, 17, 257和65 537，它们都是素数。但在1732年，欧拉发现这个序列中的第六个数$2^{32}+1=4\,294\,967\,297$，可以被641整除。在同弗兰尼克尔、梅森以及帕斯卡的信件中，费马写道，他强烈相信他的这一猜想是正确的，并且一度声称自己找到了证明方法。尽管他所坚信的结论

最终被证明是不成立的,但具有这种特质的素数现在仍被人们称为
"费马素数"。

用乘方的和表示数

　　费马在数论领域的研究中很重要的一部分都涉及关于两个数的
乘方的和的问题。在1640年圣诞节给梅森的一封信中,他提出,每
一个具有$4n+1$形式的素数都可以被唯一的表示成两个整数的平方
和,而$4n-1$形式的素数则都不具有这一性质。可以被表示成两个数
平方和的素数的例子比如有37,它可以同时被写成$4 \cdot 9+1$和1^2+6^2,
还有73,它可以被写成$4 \cdot 18+1$和3^2+8^2。在其后的几年里,费马多
次使用了这一重要结论,来推出素数及其乘方的性质,包括比如每
一个整数都可以被写成四个平方数之和。

　　费马所给出的唯一关于数论的完整的证明,就是涉及数的乘

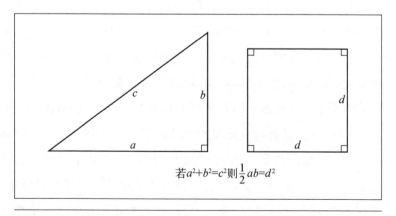

若$a^2+b^2=c^2$则$\frac{1}{2}ab=d^2$

使用无穷递减的方法,费马证明了一个边长均为整数的直角三角形的面积不
可能是一个完全平方数。这一结论帮助他证明了$n=4$时的费马最后定理。

方的和。他证明，如果一个直角三角形的边长a、b和c都是整数，那么它的面积则不可能是一个完全平方数。这个命题用这个公式说明，就是不存在4个整数a、b、c和d，能同时满足$a^2+b^2=c^2$和$\frac{1}{2}ab=d^2$。1659年，费马拜托他的好友皮埃尔·德·卡尔卡维（Pierre de Carcavi）将一篇题目为《对于数的科学中新发现的说明》的手稿转寄给惠更斯，手稿中提供了这一定理的详细证明，其中使用了他发明的一种无穷递减的方法。证明说如果存在这样的直角三角形，它的三条边能同时满足那两个等式，那么就一定存在一个更小的直角三角形也同样满足这样的条件。因为寻找更小的正整数的过程不能一直进行下去，因而满足之一条件的直角三角形一开始也不可能存在。他还使用这一结论证明了方程$x^4+y^4=z^4$没有整数解。

1657年1月，为了引起欧洲数学界对于数论研究的兴趣，费马挑战数学家们来解决两个问题，这个《由图卢兹议会的国王枢密官德·费马先生提出的无法被法国、英国、荷兰及欧洲所有数学家解决的两个数学问题》中的第一个问题是让数学家们找出一个完全立方数，使得该立方数及其所有真因数加在一起，又能得到一个完全平方数。费马给出了数字7作为例子，它的立方$7^3=343$具有真因数1、7和49，它们的和则是一个完全平方数$400=20^2$；第二个问题是要找出一个完全平方数，使它与其真因数相加又能得到一个完全立方数。

这一挑战没有得到任何数学家的回音，因为在本来就为数不多的对数论问题感兴趣的数学家当中，几乎没有人掌握解决这些问题所需的高级技巧。费马在一个月后揭示了答案，指出除了他所提供的例子，以及显然满足这些条件的数字1以外，再没有其他任何的解了。1657年2月，他提出了第三个问题，挑战人们求得方程$nx^2+1=y^2$的解，其中n是任意一个非平方数的整数。他还同时给出了两个例子：$3(1)^2+1=(2)^2$ 和 $3(4)^2+1=(7)^2$。这次有一位英格兰数学家约翰·沃利斯（John Wallis）和一位爱尔兰数学家威廉·布隆克尔（William Brouncker）给出了解答。通过连分数的方法，他们给出对于任意整数 r，$x=\dfrac{2r}{n-r^2}$ 和 $y=\dfrac{r^2+n}{r^2-n}$ 是原方程的解。费马否决了他们的解答，坚持认为他们应该把注意力放在整数解上，致使这两位数学家拒绝继续与他通信。

在费马声称自己已经证明了的所有定理中，使人们产生最大兴趣的，当数"费马大定理"了。他在一本丢番图所著《算术》的页边空白处插入了一段笔记，其中声称他已发现了一段漂亮的证明，用来证明当 $n>2$ 时，方程 $x^n+y^n=z^n$ 没有整数解这一命题。只是这块空白处太小，使他无法在这里将证明写下来。直到1670年，即费马去世5年后，他的儿子克莱芒-萨缪尔（Clément-Samuel）以《对丢番图的研究》为题发表了费马对于丢番图著作的注释，这才使数学家们知道了费马的这一声明。1659年，费马曾经在寄给惠更斯的信件中给出了这一命题在 $n=4$ 时的证明，并在此前曾经挑战过其他数学家来证明 $n=3$ 的情况，但他从未给出过 n 更大时的一般的证明。

在证明或者证伪了费马遗留下来的笔记、信件和手稿中的所有其他的命题或猜想之后，数学家们对于费马最后定理却依然一筹莫展，既不能证明也不能证伪它。一直到18世纪末，除了欧拉在1738年证明了定理在 $n=3$ 时成立以外，人们对于定理的证明没有任何进展。1825至1832年间，法国裔数学家阿德里安-马里·勒让德（Adrien-Marie Legendre）、加布里尔·拉梅（Gabriel Lamé）以及狄利克莱（Lejeune Dirichlet）建立了 $n=5$，7以及14时的证明。1850年，法国数学家索菲·热尔曼（Sophie Germain）和德国数学家恩斯特·库默尔（Ernst Kummer）分别证明了定理对于所有素数指数都是成立的。彻底的证明一直到了1994年，才被英国数学家安德鲁·怀尔斯（Andrew Wiles）所完成，他证明了对于所有 $n>2$，费马大定理都成立。

结语

在费马去世后的3个半世纪里，有数以千计的数学家们都为证明或证伪费马大定理，以及其他没有给出证明的命题或猜想而付出了大量努力。费马希望通过其问题挑战及大量通信所达到的目的，在后来数学家们的工作过程中被做到了——即对于数的一般特性及其在其他数学分支中应用，兴起广泛的研究。这些数学家们的成就不仅仅在于对定理的证明，他们的工作还促成了复数理论、代数几何、椭圆函数理论、密码学，以及其他数学和自然科学分支的重大进展，使数论逐渐走向成熟，并最终成为现代数学领域内的一个重要学科。

五　布莱兹·帕斯卡

（1623—1662）

概率论的共同创立者

布莱兹·帕斯卡发明了一种计算机械，研究了以他的名字命名的算术三角形，并且帮助建立了概率论这一学科。

作为一位数学家、发明家、科学家和作家，布莱兹·帕斯卡（Blaise Pascal）为许多前沿学科作出了贡献。他设计制造了第一台进入市场的机械计算设备；他在气压计上的实验帮助建立了与气压和真空相关的流体静力学原理；他关于宗教、哲学和伦理学的著作在文学界大获好评。帕斯卡定理将新的思想引进了射影几何，他关于旋轮线的研究为积分提供了新方法。在他对帕斯卡三角形的分析和与费马的通信中，他帮助奠定了概率论的基础。

 在射影几何上的发现

布莱兹·帕斯卡于1623年6月19日出生在法国中部奥弗涅大

区的克莱蒙费朗（Clermont-Ferrand）。他的父亲埃蒂安·帕斯卡是
一位家境殷实的律师，对巴黎数学界的进展一直保持着关注。他的
母亲安托内特·贝宫在他3岁的时候逝世，给他父亲留下了一个儿子
和两个女儿——帕斯卡、吉尔伯特和雅克琳娜。父亲在家教授3个
孩子，由于布莱兹身体状况欠佳，父亲决定不让他学习数学，并将他
所有的数学书搬出了家。

　　尽管有着这样的限制，帕斯卡还是很早显示出了数学天赋。12
岁的时候，他提出了一个对三角形内角和等于180°的证明。父亲随
后给了他一本《几何原本》在两年之内，帕斯卡已经可以跟父亲一
起参加在巴黎耶稣会教士马兰·梅森家中举行的每周一次的数学家
和科学家的聚会。帕斯卡在那儿遇到了法国数学家笛沙格（Gérard
Desargue）。笛沙格在聚会上将他自己的新论著《试论锥面截一平面
所得结果的初稿》与大家分享，这篇论著奠定了射影几何的基础。

　　1639年6月，16岁的帕斯卡向这个聚会提交了一份报告，在这份
仅有一页纸的报告中他概述了被称作帕斯卡定理的射影几何基本原
理，讨论圆锥曲线的内接六边形——6个顶点均在同一个圆、椭圆、双
曲线或抛物线上的六边形。在射影几何中人们认为，两条平行的直线
交于一个无穷远点。这样一个六边形的两条相对的边的延长线总会
交于一点。帕斯卡在这个定理中证明，圆锥曲线的内接六边形的对边
延长线的3个交点共线，这条线称为这个六边形的帕斯卡线。他用神
秘六线形（mystic hexagram）这个词来描述考虑圆锥曲线上六个点的
任意不同顺序相连所组成的六边形及其帕斯卡线。帕斯卡定理一直
是一个非常基本的结果，它与经典几何学和19世纪数学家们研究的
射影几何学中的数百个定理有关。

　　帕斯卡继续发展了他关于内接六边形的思想。在1640年2月，

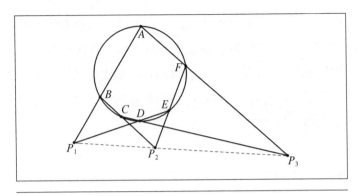

16岁时,帕斯卡证明了如果一个六边形的6个顶点均在一个圆、椭圆、抛物线或双曲线上,那么这个六边形的三对边的延长线的交点共线。这条线被称为这个六边形的帕斯卡线。

他发表了名为《论圆锥曲线》的一本小册子。这部简短的著作提出了与帕斯卡定理相关的几个附加的命题,并勾画了他对射影平面上的圆锥曲线进行全面研究的计划。在之后的一些年里,帕斯卡时断时续地对这个领域进行研究,并于1654年写出了若干章节的草稿,但完整的著作从未发表过。在他关于圆锥曲线的未完成手稿的第一章,帕斯卡用比笛沙格的《初稿》中更加明了的方式阐述了射影几何的基本概念。在另外的一部分中,他给出了关于神秘六线形、帕斯卡定理和它们的应用的全面描述。这部手稿还包含对来自经典的希腊几何学中的问题的解,以显示射影几何作为法国数学家笛卡尔的解析几何的替代方案的威力。

 ## 可以进行加减运算的计算机器

1640年,帕斯卡的父亲赴鲁昂(Rouen)任税务官,他们全家也

帕斯卡发明了第一台进入市场的机械计算器。帕斯卡计算器利用齿轮阵列进行加减法运算,给出最高具有6位精度的结果。

搬到了那儿。为减轻父亲工作中繁重的算术运算,帕斯卡试图将运算工作机械化。1642年年底,他设计出了一种利用齿轮的运转进行加减法的机器。在之后的3年中,在法国掌玺大臣(Le chancelier de France)皮埃尔·塞吉埃(Pierre Séguier)的资助下,帕斯卡试验了50种不同的原型。在1645年,他确定了设计,并成立了一个公司制造和出售他的计算机器——帕斯卡计算器(Pascaline)。尽管德国天文学家威廉·谢卡特(Wilhelm Schickard)在之前的1623年发明了一台类似的计算机器,但帕斯卡计算器仍然是第一台进入市场的机械计算器。

帕斯卡在一本18页的小册子《献给掌玺大臣大人的关于B.P.先生新发明的利用非笔非筹码的有规律的运动进行各种算术运算的机器的一封信,及为有兴趣观看试验这种机器的人提供的必要建议》中解释了这台计算器的工作原理,并感谢他从赛吉埃掌玺大臣那儿得到的恩惠。1649年,帕斯卡得到了独家生产和销售计算器的皇家特许状。1652年,他向瑞典的克丽斯汀女王(Queen Christina)演示了他的机器,并赠给女王一台机器作为礼物。虽然帕斯卡计算器的性能一经问世就成功地引起了数学家、科学家、商人和有钱人强烈的兴趣,但过高的定价限制了它在商业上的成功。

关于真空和气压的实验

1646至1654年间,帕斯卡和一群科学家一起工作,设计和进行关于大气压强和真空的实验。在17世纪30年代后半期和40年代前半期,意大利科学家伽利略(Galileo Galilei)和托里恰利(Evangelista Torricelli)在他们的实验中得到了真空。1646年10月至1647年2月,帕斯卡和他父亲重复了托里恰利的部分实验,并使用水、酒和装在船的桅杆上的长达12米的管子进行了他们自己的类似实验。在1647年10月的报告《关于真空的新实验》中,他谨慎地总结道,他们的工作证明了真空的存在。1648年9月,帕斯卡设计了一个实验来测量不同高度的气压。他的姐夫弗罗林·佩里埃(Florin Périer)在克莱蒙费朗和海拔更高的多姆山(Puy de Dôme)山顶同时测量了气压。实验表明,大气压强随着海拔高度的升高而减小。帕斯卡创作了一篇题为《为完成佩里埃先生在其删减的关于真空的报告中所承诺的论文而由他设计的,由佩里埃先生在奥弗涅最高的一座山上完成的,关于液体平衡的重大实验的报告》的实验报告。在20页的报告中,他指出,他的研究为真空的存在和空气的重量提供了科学依据,确认了笛卡尔、梅森和其他科学家提出的理论。

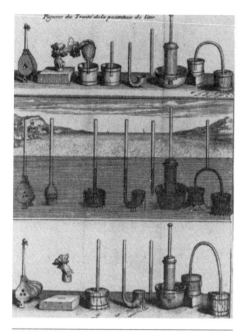

帕斯卡的《论液体的平衡和空气的重量》讨论了关于真空的原理以及气压的科学理论。

在进行了几年的实验并修正了他基于实验结果的理论之后,帕斯卡于1654年写下了一部名为《论液体的平衡和空气的重量,包括对一些目前未被充分了解的,特别是那些被归咎于对真空的恐惧的自然现象的成因的解释》的著作。在这部著作中,帕斯卡详细解释了流体静力学的定律,并描述了大气压强的作用。他总结了伽利略、托里恰利和其他科学家的著作以及他自己的贡献,对物理学的这一科学分支的历史和现状给出全面的论述。他提供了严格的科学程序和解释来驳倒建立在宗教基础上的"自然界害怕真空"的理论。尽管这部著作直到1663年爱尔兰科学家波耶(Robert Boyle)和其他人在流体静力学上取得了进一步的结果时才付诸出版,帕斯卡的实验和著作仍然在人们对真空法则的认识上作出了贡献,并促使其他科学家进一步发展了关于大气压强的科学理论。

概率论的基础及算术三角形

1654年,梅雷(Méré)骑士安托万·贡博(Antoine Gombaud)向帕斯卡询问关于赌博的若干问题上。帕斯卡为此将注意力重新转向数学。其中的一个问题是,如果两个熟练程度一样的玩家间的游戏在任何一方胜利之前结束,那么赌注应该如何分配;另外一个涉及掷骰子时某个确定数字出现的可能性。帕斯卡向法国数学家费马陈述了这些问题。在他们之后6个月的通信中,他们阐明了分析这些问题和其他机会游戏(game of chance)的数学方法。他们描述了计算的方法、对对方的观点作出评论,并逐渐形成了概率论的基本概念。

在共同努力下,帕斯卡将他的分析集中在给定的机会游戏可能结果数目的确定上。他对被他称为算术三角形的自然数的排列产生

1	1	1	1	1	1	1	1	1	1
1	2	3	4	5	6	7	8	9	
1	3	6	10	15	21	28	36		
1	4	10	20	35	56	84	水平列		
1	5	15	35	75	126				
1	6	21	56	126		垂直列			
1	7	28	84						
1	8	36							
1	9								
1									

帕斯卡发掘了安排在水平和垂直列中的算术三角形的数字间的关系,后来人们将算术三角形称为帕斯卡三角形。

了特别的兴趣。它由一系列水平和竖直的表栏构成,帕斯卡将其分
别叫作水平列(parallel ranks)和垂直列(Perpendicular ranks)。除
了最边上的数字以外,所有表内的数字都是其上边和左边的数字之
和。这种讲述数字的三角形排列曾经出现在13世纪伊朗数学家纳
速拉丁·阿尔图思、14世纪中国数学家朱士杰以及其他一些16至17
世纪欧洲数学家的著作中。而帕斯卡发现了很多早先数学家所未发
现的三角形数字之间新的关系和式样,以至于现在人们将这一三角
形称为帕斯卡三角形。

在1654年的著作《论算术三角形,及关于同一问题的小论文
若干》中,帕斯卡解释了三角形的构造及其许多性质。就像以前
数学家已经发现的,帕斯卡写道,在第n条对角线("nth base")上
的数字之和等于2^n,并且构成了二项式系数,用现代记号可以写成
$\binom{n}{0}, \binom{n}{1}, \binom{n}{2}, \cdots \binom{n}{n}$。此外,帕斯卡还发现了$\binom{n}{k} \div \binom{n}{k-1} =$
$\dfrac{n+1-k}{k}$和$\binom{n}{k} \div \binom{n-1}{k-1} = \dfrac{n}{k}$等恒等式,以及联系二项式系数和自
然数的幂的和的一个复杂的公式。将算术三角形中一些合适的项相
加,他还给出了对应于不同的机会游戏情形下的确切的数值概率。
在这一论文的最后部分,他用数学归纳法证明得到的公式可以用于
所有大小的数。帕斯卡这一论文的发表,使得数学归纳法这项于16
世纪由意大利数学家莫罗利科(Francisco Maurolico)发明的鲜为使
用的证明技术得到了流行。

尽管帕斯卡从未使用过"概率"一词,他关于算术三角形的工作
和他同费马的信件却为现代概率论奠定了基础。他关于算术三角形
全面而严格的论文,形成了最早的与算术和组合分析系统问题的研

究。所谓博弈论和决策论的现代数学分支即可回溯到他们的工作上去。在荷兰数学家惠更斯1657年发表的小册子《论骰子问题中的推理》中，包含了很多帕斯卡和费马赌博问题的思想。一直到17世纪末，这本书都是概率论中的首要文献。后来，瑞士数学家雅可布·伯努利在他1713年的著作《猜想术》中，将他们关于数学期望与排列组合的许多方法发展成为更为规范的概率理论。

对旋轮线的研究重新活跃了帕斯卡对数学的兴趣

旋轮线是根据一个圆在一条直线上滚动时，圆上的一个定点而描绘出的曲线。1658年，帕斯卡挑战其他数学家，求解三个与旋轮线相关的面积、体积和物体重心的问题。

1654年11月，在马车事故中侥幸生还的帕斯卡放弃了他对数学和科学的研究，转向了研究宗教、哲学和道德问题。为了给他被控为"异端"的朋友安托万·阿尔诺（Antoine Arnauld）辩护，帕斯卡创作了《致外省人信札》。这部由18篇短文组成的著作于1657年用笔名路易·德·蒙达尔脱出版。书中，帕斯卡展示了他优美的文笔。帕斯卡还写过分享他对痛苦、信仰、道德、伦理和哲学的深入思考的文章，可惜的是，这些文章在他生前并未出版。

在数学领域沉寂了4年之后，1658年，被牙疼困扰的帕斯卡通过思考一种几何曲线的方式成功地缓解了疼痛。他认为这是他应当重拾数学研究的征兆。这种占据他的思想的曲线被称为旋轮线，这是一个圆在一条直线上滚动时，圆上的一个定点描绘出的曲线。使用意大利数学家卡瓦雷利（Bonaventura Cavalieri）不久前发明的不可分元法（method of indivisibles），帕斯卡发展了与旋轮线相关的若干问题的数学解决方法。使用这些方法，能够确定旋轮线的任意片段所包围的面积，以及任意一段旋轮线的重心。他还发明了确定旋轮线绕横轴旋转而成的旋转体的表面积、体积和重心的方法。

帕斯卡以阿摩司·戴东维尔（Amos Dettonville）的笔名向英、法两国数学家发起挑战，要求他们求解一系列与旋轮线相关的图形的面积、体积和重心。罗安内公爵提供了一笔资金以奖励最佳解的获得者，罗波瓦尔应邀担当裁判。在收到两份错误的结果以及同其他数学家关于相关结果的若干通信之后，帕斯卡宣布奖金归自己所有。1659年2月，他出版了4本小册子，共同命名为《戴东维尔的信，包含他的一些几何学发现》。在这7个月的比赛进程中，帕斯卡循序渐进地写出了这部著作，因为他与其他数学家的通信帮助他想出了更有效的方法。除了对这次挑战赛的问题解答和他关于旋轮线研究的描述之外，这部120页的著作还解释了有关螺线、抛物线、椭圆、三棱柱和圆锥的计算方法。

这部广泛流传的著作和帕斯卡在比赛期间散发的材料是富有争议而激进的。在1658年10月发表的关于旋轮线发现的总结性著作《旋轮线的历史》中，他省略了若干优秀的数学家的贡献，被指为民族主义和偏见。在《戴东维尔的信》中的几篇手稿中，他引入使用被他称为"triline""onglet"和"adjoint"的元素进行积分的方法。微积分的共同发明者之一，德国数学家莱布尼茨将其对曲线下方的面积和曲线的切线的关系的认识归功于帕斯卡在一篇名为《四分之一圆的正弦论》的手稿中以特征三角形的引入为代表的若干思想。

在这场比赛结束之后，帕斯卡的健康状况恶化了。他忍受着急性消化不良和慢性失眠的折磨。最终，帕斯卡放弃了他在数学上的努力,致力于祈祷和慈善事业。1662年8月19日,帕斯卡因为癌症逝世,享年39岁。在整理他的遗物时,他的姐姐在他的抽屉和箱子里发现了数百页手稿,其中有一些按顺序用绳子装订起来。1669年,这些手稿以及一些更长的关于哲学、伦理学和宗教的著作出版,取名《思想录》。

 结语

帕斯卡的天才能力使他能够在许多领域的前沿与受过更多正规训练并具有更多经验的学者分庭抗礼。如果他不是如此经常地更换研究领域的话,他可能会对人类文明和数学领域作出更大的贡献。在发现了帕斯卡定理、设计了机械计算机之后,他进行了关于大气压强的实验,研究了帕斯卡三角形,创作了哲学和宗教著作,并在对旋轮线的研究中发展了积分的新方法。当然,他对数学最大的贡献是与费马一起奠定了概率论的基础。

六　艾萨克·牛顿

（1642—1727）

微积分、光学和重力

艾萨克·牛顿爵士（Sir Isaac Newton）在数学、光学和物理学方面作出了重要的发现，为这3个学科一个世纪之内的研究指明了方向。他的流数法统一了之前的数学家的工作，并且建立了微积分学的广义理论。通过对棱镜、透镜和反射式望远镜的实验，他为光学和光的本性理论建立了新的原理。他用公式阐明了运动的3个定理，证明了万有引力定律。他对科学理论的实验和数学基础的强调改变了科学研究的本质。

艾萨克·牛顿提出了关于微积分的第一套广义理论，并且为万有引力建立了数学基础。

教育和早期生活

牛顿出生在英格兰林肯郡格兰瑟姆附近的伍尔索普庄园，自家的农场里。他的父亲艾萨克是一位没受过教育但生意兴隆的农场主,在牛顿出生之前几个月逝世。牛顿3岁的时候,母亲汉娜·艾斯库再嫁并搬去北威瑟姆,而将她的孩子留给外祖父母詹姆士和玛杰里看护。

作为一个孤独的孩子,牛顿用画建筑草图和制作模型来打发时间。他制作的模型包括老鼠驱动的风车、摇把推进的四轮马车等。12岁的时候,在本地的两所走读学校念过书的牛顿被格兰瑟姆的国王学校录取。牛顿的继父于1656年逝世之后,母亲带着和他继父所生的一个儿子和两个女儿回到伍尔索普,让牛顿退学回家帮助管理农场。1660年,他回到了学校,跟校长约翰·斯托克斯住在一起,完成他最后一年的学业。

1661年6月,牛顿进入剑桥大学三一学院。读法学专业的牛顿发现自己对哲学、自然科学和数学更感兴趣。在他的几本笔记本(其中一本名为《某些哲学问题》)中,他记录下了与影响过他的书有关的一些思想,以及在哲学、自然科学和数学3个领域中的原创性想法。1664年,牛顿被选为大学公费生,得到了一份为期4年的奖学金。1665年4月,他完成了本科毕业论文,得到了学士学位。

由于1665年6月暴发的瘟疫,学校停课18个月。牛顿回到伍尔索普躲避瘟疫,度过了这段忙碌而富有创造力的时光。在这段时间里他发展了他在数学和物理学方面的一些观点,这些观点导致了他最重要的3大发现——微积分的提出、光学理论和引力理论。1666年春天,牛顿回到大学,他利用学校的数学图书馆查找资料,并且做了若干关于光线的实验。尽管如此,他这段时期的大部分奠基性工作都是在家中农场做出的。

1667年,剑桥大学重新开课。牛顿回到学校继续学习。他成为三一学院的评议员(fellow)——一个只要他待在学校、没有结婚并且最终在政府部门任职，每年就会获得大约60镑津贴的荣誉职位。1668年，牛顿拿到了硕士学位。第二年，伊萨克·巴罗（Isaac Barrow）从教授位置上退休并成为国王的牧师，牛顿代替他成为剑桥大学第二任卢卡斯数学教授。这个职位给他提供了大约每年100镑的附加收入，但要求他在学期中每星期至少授课一次，并每年向学校图书馆提交至少10份授课内容的讲义。虽然他的课学生出席率经常不高（有一次他对着空教室讲了15分钟课），但他在担任这份职位的16年间均忠实地保管了关于光学、代数、数论、力学和引力的讲稿。他保持了32年的评议员和卢卡斯教授的职位，并成功避开了在政府部门任职的要求。

无穷级数和一般的二项式定理

1664至1665年，牛顿在剑桥大学本科最后一年时取得了他在数学上的第一个重要发现。1656年，英国数学家约翰·沃利斯发表了他对正整数n计算曲线$y=(1-x^2)^n$从$x=0$到$x=1$与x轴围成的面积的新方法。牛顿在将这个方法推广到从$x=0$到任意值的过程中，发现这个公式的展开式系数是帕斯卡研究过的算术三角形的行。牛顿对任意有理数n和任意正整数k更一般地定义了二项式系数：$\binom{n}{k} = \dfrac{n(n-1)(n-2)\cdots(n-k+1)}{k(k-1)(k-2)\cdots 1}$。这种推广使他能够将对任意有理数$n$曲线$y=(1-x^2)^n$下方的面积表达为无穷项的和$x - \binom{n}{1}\dfrac{x^3}{3} + \binom{n}{2}\dfrac{x^5}{5} - \binom{n}{3}\dfrac{x^7}{7} + \cdots$的形式。

这种无穷项的和现在称为幂级数,为之后若干数学概念的发展提供了基础。牛顿写出了三角函数sin(x)和cos(x)、反三角函数arcsin(x)和arccos(x)、平方根函数$\sqrt{1-x}$以及自然对数函数ln(1+x)的幂级数。使用最后一个幂级数,牛顿将对数的计算精度提高到50个十进制位以上。他对幂级数的研究让他推导出了一般的二项式定理: $(a+b)^n = a^n + \binom{n}{1}a^{n-1}b + \binom{n}{2}a^{n-2}b^2 + \binom{n}{3}a^{n-3}b^3 + \cdots$。对n为正整数的情况,这个和只有n+1项,与当时熟知的公式相同;当n为负整数或分数时,这个和是一个无穷级数。牛顿用这个无穷级数将π的计算精确到16位精度,并将平方根和立方根的计算精确到任意精度。1669年,牛顿在手稿《运用无穷多项方程的分析学》中描述了他关于无穷级数和二项式定理的研究。巴罗将手稿分发给几个其他的数学家,他们都被牛顿的创新想法所吸引。但是整份手稿直到1711年才出版。

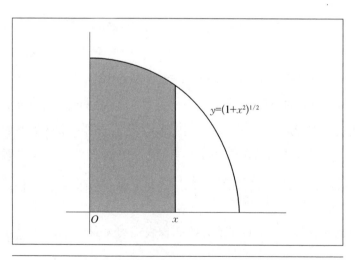

通过对曲线$y=(1-x^2)^n$下的面积相关的多项式的研究,牛顿发现了幂级数,并提出了一般的二项式定理。

流数法引入了微积分学的形式化理论

在大学因为瘟疫停课的1665至1666年间，牛顿获得了他数学上最重要的发现——流数法，现在称作微积分学。牛顿在剑桥大学阅读了许多经典和当时的数学著作，因此他对法国的笛卡尔、费马、罗波瓦尔和帕斯卡，英国的巴罗和沃利斯，意大利的卡利和托里，荷兰的许德以及比利时的惠更斯关于面积、切线、极大值和极小值、弧长、体积和重心的最新研究甚为熟悉。牛顿将他们的各种技巧和自己的观点相结合，建立了微积分学的一套全面理论并称其为流数法（method of fluxions）。

1664年，牛顿尝试了差分的商 $\dfrac{f(x+o)-f(x)}{o}$ 以及一个无穷接近0的、在计算的最后步骤中被当作0的小量 o 的想法。这个想法使他能够机械化地确定代数函数——由多项式的乘积和幂组成的函数——求导的许多规则。在接下来的一年中，牛顿修正了他的想法，引进了更广义的，代表连续运动的物体的速度的"流数"概念。将一条二维或者三维的曲线想象为 x，y 和 z 坐标是时间的函数的点的运动轨迹，牛顿将某时刻某方向上流量（fluent）变化的速率称作流数。他用 p，q 和 r 表示与 x、y 和 z 三个方向相对应的流数。很快，他修改了他的标记和术语，让"瞬"（moment）xo 代表量 x 在无限小时间 o 内的改变量。

牛顿在1666年10月的一系列没有标题的笔记中记录了他关于流数的想法。他在1669年的手稿《分析学》中提供了一个更详细的说明，并在1671年的著作《流数法与无穷级数》中首次完整阐述了他的微积分学。他不断尝试安排这部著作的出版发行,但书商都不愿出版高度专业化的数学著作。直到1736年数学家约翰·考尔森(John Colson)将其翻译为英文之后,这本书才得以付梓出版。由于这部著作注释得不大到位和出版的延迟,延迟了欧洲数学界接受牛顿微积分思想的速度。

流数法的早期手稿着重指出了其他数学家忽略而牛顿注意到了的中心观点——求导和积分的逆运算关系,现在被称为微积分基本定理。在《分析学》的开头,牛顿提出了积分的指数法则,解释了曲线$y=ax^{m/n}$下方的面积为何是由"流量"$\dfrac{an}{m+n}x^{\frac{m+n}{n}}$决定的。在同一部手稿的后面,他使用二项式定理证明了这个新的函数的流数就是原始曲线的公式。在《流数法与无穷级数》中,牛顿解决的第一个问题

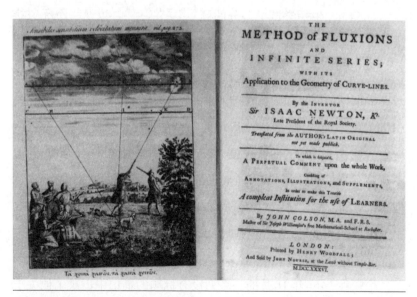

牛顿在他1671年的论文《流数法与无穷级数》中解释了他关于微积分的广义理论。这部著作1736年版本中的插图描绘了一个猎人向飞鸟开枪的场景,其中辅以图线来显出微积分使对运动的分析成为可能。

是使用现在被称为隐函数微分法的方法来求解一个流数；在后面的
一个问题中，牛顿颠倒了这个过程，将每一项的结果积分来重新得
到原始的公式。在这两部手稿中，牛顿都清晰地阐述了求导和积分
两种微积分学基本运算的逆运算关系。

　　牛顿在这两部书中提出的众多方法显示了他的微积分学理论的
全面性。他使用了多项式型函数的求导和积分的指数法则、让人们
可以逐项求导或积分的线性性质、隐微分法、导数的乘积法则以及
计算偏导数和高阶导数的方法。他解释了几种根据一个已知的流数
求出流量（译者注：即已知导数函数求出原函数）的方法，并给出了
一些代数函数的积分表。使用无穷级数的方法，他说明了如何取得
流数的数值解，以及如sin（x）、cos（x）和ln（x）等非代数函数的曲
线下方的面积。

　　除了解释微积分的演算过程之外，牛顿还指出了如何将微积分
应用到许多问题的解决上。为了找到一条曲线的极大值和极小值，

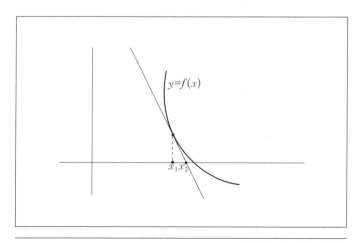

牛顿迭代法是通过切线和迭代公式$x_{n+1}=x_n-f(x_n)/f'(x_n)$，来得到方程
$f(x)=0$的一个近似解的序列的方法。

牛顿让流数等于0，并且求解得到的方程。他演示了利用求解在一点上的流数的方法如何找到经过曲线上任意一点的切线。他使用二阶导数来求解一个函数的曲率的方法与现代方法等价。为了近似求解方程的根，他发明了一种利用切线斜率的迭代算法，被称为牛顿法。这两部书还讨论了涉及距离、速度和加速度的许多应用。在《流数法与无穷级数》中，牛顿引入了极坐标的概念来计算与螺旋线相关的流数和面积。在牛顿与流数有关的手稿发表之前，德国数学家莱布尼茨也独立发展了一套等价而全面的微积分理论。他在1684年的德国数学杂志《教师学报》中发表了名为《对有理量和无理量都适用的，求极大值和极小值以及切线的新方法，一种独特的演算》的论文，报告了他的成果。莱布尼茨的导数和积分的概念与牛顿的流数和流量相对应，他的更先进的符号$\mathrm{d}x$、$\frac{\mathrm{d}y}{\mathrm{d}x}$和$\int y$让微分、导数和积分更加容易理解和计算。读过牛顿未发表手稿的英国数学家指责莱布尼茨窃取了牛顿的想法并据为己有。英国和欧洲大陆数学界关于微积分发明优先权的激烈争论一直持续到18世纪晚期。现代的数学家认为牛顿和莱布尼茨是微积分学的共同创造者。

 ## 其他的数学论著

1667年，牛顿撰写了一部名为《三次曲线的分类》的几何学著作。这部著作直到1704年才付梓出版，在这部著作中，牛顿将三次曲线分为72个种类。他还描述了如何通过将圆向一个无穷大平面上投影的方法来得到所有这些曲线。这部著作的最后一部分解释了如何使用三次方程来分析更高次的平面曲线,尤其是它们的渐近线、叉点。

在1673至1683年的10年间,牛顿作为卢卡斯教授的每周一次的授课内容集中在代数和数论上。这些讲稿在1707年以《普遍的算术》为题目出版。在这些讲稿中,他推广了笛卡尔确定整系数多项式方程正实根的方法。经过推广的方法可以确定所有的有理数根,并研究了虚根。

牛顿在1691年的著作《求曲边形的面积》中对他的微积分学理论引入了更多的改进。这是他1704年光学著作的第二个附录。他提出了一套更方便的表述:使用$\dot{y}$和$\ddot{y}$来表示y的一阶和二阶流数。他引入了无穷小量比例的极限的概念用来代替早期的无穷小增量,这是完善的极限表述在微积分学中最早的出现。他在对无穷级数的分析中提到了收敛性的问题,这个概念的发展对微积分学的成熟来说关系重大。这部著作还讨论了第n项的系数由n阶流数所决定的无穷级数。这种级数后来被英国数学家布鲁克·泰勒(Brook Taylor)所发展,现在称为泰勒级数。

1696年,牛顿对瑞士数学家约翰·伯努利发起的一次国际挑战做出了回应。这个挑战寻求最速降线问题——找到物体在重力作用下通过两个不在同一铅直线上的点间的最快速路径——的解。牛顿在一天之内解决了这个问题,得到的解是旋轮线——根据一个圆在一条直线上滚动时,圆上的一个定点而描绘出的曲线。在1697年5月的《教师学报》杂志上,伯努利将牛顿的解和莱布尼茨、他的兄弟雅各布·伯努利以及他自己的解共同发表。在这次比赛之后,牛顿在数学上的工作主要是修订他以前的著作以及捍卫他对微积分发明的优先权。

光学的新理论

在三一学院就读的最后一年中，牛顿开始进行光学实验，并开始构建新的光学理论。当时流行的理论是公元前 3 世纪由希腊哲学家亚里士多德提出的，认为白光是简单均质的实体，与彩色光有着本质的不同。折射式望远镜成像边缘的色差让牛顿确信这一理论是有问题的。在他的宿舍里，他做了用棱镜将白光分为彩色光谱的实验。这一实验以及他之后几年做的类似实验让他得出结论，白光是由不同类型的光线混合而成的，它们的折射角不同使白光进入棱镜之后可以得到彩色光谱。

1670 年 1 月，牛顿将他的光学理论作为首次授课的内容。他制造并且演示了一架能将图像放大 40 倍并且没有色差的望远镜。作为对他的光学理论和反射望远镜的承认，英国皇家学会在 1672 年 1 月选举他为会员。第二个月，皇家学会在《皇家学会哲学汇刊》上刊出了牛顿的第一篇科学论文《关于光与色的新理论》。在这篇文章里，牛顿描述了他在过去 8 年中用棱镜进行的实验，并提出了光的粒子说，假设光是由微小粒子的运动而组成的。这个备受争议的理论导致了牛顿与英国物理学家罗伯特·胡克（Robert Hooke）长期的争端，因为胡克的波动说理论认为光是一种波。虽然牛顿的粒子说在之后的两个世纪中被学界广泛承认，但他与胡克以及其他物理学家公开的争论使得牛顿在 1678 年精神崩溃，并在之后的职业生涯中的大部分时间拒绝发表他做出的任何成果。

在 1704 年，胡克逝世之后一年，牛顿出版了一部详细描述他

通过让一束日光透过棱镜的实验，牛顿验证了白光是由折射角不同的多种光线所组成，因而可以得到一个彩色的光谱。

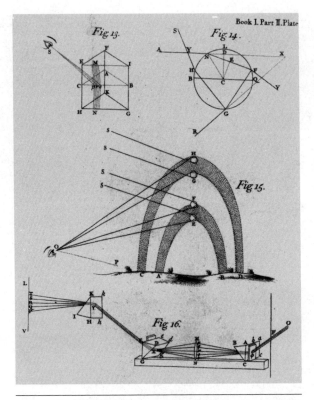

在1704年的专著《光学》中，牛顿解释了一系列光学现象，
包括彩虹、冰洲石的双折射以及棱镜的色散等。

的光学研究的著作《光学：或论光的反射、折射、弯曲和颜色，附论
曲线的种类与求积》在定义了诸如光线、折射、反射、临界角之类
的基本术语，以及给出了关于反射和折射的几何性质的基本公理
的描述之后，牛顿描述了他的众多实验以及从实验结果中得到的
结论。他的实验包括用棱镜将白光分为彩色光谱，用透镜弯曲光
线，以及让光线穿过不同密度、厚度和颜色的介质。他描述了人眼
视觉的机制、虹的现象，以及折射望远镜成像的失真。他在两片透
明表面几乎接触时观察到了同心圆环（现在被称作牛顿环）。为了

解释这一现象,他同时使用了光的波动说和粒子说。尽管他的结论不全是正确的,但他的现代光学理论、反射望远镜以及从数学原理和实验结果推理的科学方法对科学的进步贡献良多。

运动定律和万有引力定律

1664至1666年,牛顿在发展关于流数和光学的理论的同时,也在对解释运动和引力的科学原理进行研究。对意大利科学家伽利略的理论进行修正和推广之后,牛顿提出了3条基本运动定律:

1. 物体在不受外力时保持静止或匀速直线运动;

2. 力等于质量与加速度之积;

3. 对于任何一个作用力,都有一个大小相等,方向相反的反作用力。

牛顿设计了许多关于运动物体的实验并解释了实验结果,精确地将许多不同的现象解释为这几条基本定律的数学推论。他的理论推广并阐明了伽利略关于运动的思想,这三条运动定律也成为运动学的基础。

牛顿将他的引力理论的起源归结为他在家躲避瘟疫时发生的一次意外。他自己讲出了那个现在很著名的故事,说他的引力理论是受一颗从树上掉下来砸到他的头的苹果的启发。观察到苹果向着地球的中心下落的现象,牛顿推测地球会对所有物体施加一个朝向它自己中心的看不见的力。因此,他进一步假设地球引力是将月球固定在绕地轨道上的那个力。在此之前,意大利科学家哥白尼推测月球和行星是以椭圆轨道运行的,德国科学家开普勒得出了描述这种椭圆运动的三大定律。将他们的想法和自己关于引力的概念相结合，牛顿认为地球对月球的引力与它们之间的距离成反比，并用计算支持这个结论。

1684年，英国天文学家埃德蒙·哈雷（Edmond Halley）告诉牛顿，自己与胡克和雷恩爵士（Sir Christopher Wren）都提出行星的椭圆轨道是因为行星和太阳之间与距离成平方反比关系的吸引。牛顿告诉哈雷他也做出了同样的发现并用数学进行了证明。在之后的几个月里，牛顿写出了他的解释；在1684年11月，他送给哈雷一篇名为《论在轨道上运行的天体》的10页的手稿。在这份简短的手稿中，他解释了引力的平方反比定律是如何让行星沿椭圆轨道运行的，并且利用这一定律推导出了开普勒的行星运动三定律。

在哈雷的鼓励下，牛顿将他的理论写进一部名为《自然哲学的数学原理》的较长的著作，由皇家学会于1687年出版。这部3卷的著作详细描述了他的新物理学，并提供了它在天文学上的应用。名为《论在轨道上运行的天体》的第一卷提供了他的运动三定律的数学描述。他将万有引力定律表述为：任何物体都会吸引其他物体，引力与这两个物体的质量之积成正比，与它们距离的平方成反比。写成公式就是 $F = G \dfrac{m_1 m_2}{d^2}$。牛顿在各种情况下应用这个定律，证明了引力使在地球表面附近的物体作抛物线运动，更远的物体作椭圆或双曲线运动。他还证明了一个密度均匀的球体产生的引力与在其中心的一个质量相同的质点相同。通过建立这些基本定律的数学基础，牛顿坚实地奠基了他的运动理论的其他结论。第二卷《论物体运动之卷二》将他的想法推广到摆的运动、气体的密度与压缩以及流体中波的运动。这些结果使他能够指出笛卡尔的宇宙的漩涡理论中的重大缺陷。第三卷《论世界体系》将万有引力定律应用到整个太阳系。通过对行星运动的观测，他计算了行星的质量、相对密度，以及它们形状的不规则性。他还解释了彗星的轨道以及太阳和月亮的位置如何影响潮汐。

《自然哲学的数学原理》这部巨著使牛顿成为国际性的科学领袖，并为之后一个世纪的科学发展指明了方向。在这部书广为人知的过程中，科学家们热衷于其中严格证明的理论以及结合实验观测和数学推理的方法。尽管《自然哲学的数学原理》的第一版只印刷了300册，而截至1789年，《自然哲学的数学原理》已经重版18次，并且有6种语言的超过70种流行版本。在牛顿写出这部书一个世纪之后，法国数学家拉格朗日将这部书誉为人类心智的最伟大成就，他的同乡拉普拉斯也评论说这部书应在人类天才的产物中占据一个超越其他的杰出位置。

数学和物理学之外的活动

除了数学和物理，牛顿还对炼金术和神学保持着兴趣。为了寻找将常见化学物质转化为黄金的方法，牛顿建造了熔炉，并对多种元素的化合物进行了试验。他没有出版的炼金术著作超过100万字。关于对圣经中段落的研究，牛顿也有近百万字的手稿，其中包括根据文字画出的耶路撒冷圣殿的平面图。他的神学著作《论但以理的预言和圣约翰的启示录》，直到1733年才出版。

在1693年，牛顿再一次精神崩溃。之后他显著地减少了他的研究活动，并参与到学术之外的工作中。他在1689年作为协商议会

（Convention Parliament）（译者注：即王位空缺时召开的议会。当时詹姆士二世逃离了英国，协商议会通过了由威廉与玛丽担任英国国王威廉三世与女王玛丽二世的决议。即历史上著名的"光荣革命"）成员，参与了宣布威廉和玛丽合法继承詹姆士二世王位的事件，从而体验到了政治的滋味。1696年，他接受了皇家造币厂监督的职务，并重组了造币厂的运转程序，提高了效率。在1699年，他被提升为造币厂厂长。他在这个职位上发行了一套具有更清晰复杂的浮雕和齿边的新硬币，有效地打击了硬币的伪造和变造行为。通过在铸造的硬币中提取佣金，牛顿成为一个富有的人，他每年收入大约有2 000镑。1701年，他辞去了在三一学院的评议员职位和剑桥大学的教职。1703年，皇家学会选举牛顿为会长，他在这个位置任职长达24年。1705年，英国的安妮女王授予牛顿爵士爵位以表彰他的科学贡献，他也成为了第一位获此荣誉的科学家。1727年3月10日，牛顿在伦敦逝世，享年84岁。

结语

当牛顿被问及他是如何在数学和自然科学领域取得如此显著的成就时，他说如果说他看得比别人远，那是因为他站在巨人的肩膀上。在他发展微积分学的广义理论、运动定律和万有引力定律时，他综合了前辈和同时代学者的发现以及他自己的想法来构建更广义的理论。他关于科学理论只有在得到实验证据和数学证明的支持时才是有效的主张，在欧洲科学界赢得了广泛的认可，并成为科学研究的新标准。他发明的微积分学是分析连续函数的主要方法，并且仍然是大学数学教育的核心。

　　因为他的许多原创和重要的发现体现了强大的洞察力,牛顿、阿基米德和高斯被数学家们公认为是从古到今最伟大的3位数学家。

七 戈特弗里德·莱布尼茨

（1646—1716）

微积分的共同创立者

戈特弗里德·莱布尼茨发表了第一篇通用的微积分理论的研究论文，并发明了机械计算器。

戈特弗里德·威廉·莱布尼茨（Gottfried Wilhelm Leibniz），一位如饥似渴的阅读者和多产的通信者，一直保持同欧洲的各位顶尖学者就数学、哲学、物理学以及神学等问题交换意见。在综合了其他数学家的方法之后，通过自己独创的思想，莱布尼茨发明了微积分的通用理论。他提出了形式逻辑的体系，引入了行列式的概念，并对无穷级数进行了求和运算。在数学领域之外，他还提出了宇宙是由他称为单子的基本单元构成的理论。他对运动现象提出了解释，并论证了至善的上帝的存在。

 家庭与教育

莱布尼茨1646年7月1日出生于德国的莱比锡（Leipzig），他的父亲弗里德里希·莱布尼茨是莱比锡大学的道德哲学教授,母亲卡特琳娜·施穆克是其第三任妻子。父亲在莱布尼茨6岁时去世,他和他的同父异母的哥哥约翰·弗里德里希(Johann Friedrich),同父异母的姐姐安娜·罗西娜以及妹妹安娜·卡特琳娜,由母亲独自抚养长大。

1653至1661年,莱布尼茨进入莱比锡的尼古拉学校,在那里学习了历史、文学、拉丁语、希腊语、神学和逻辑学。由于可以在他父亲的图书馆里不受约束地读书,莱布尼茨对许多学科都进行了广泛的阅读,这个习惯持续了他的一生。他自学了拉丁语,使他能够阅读各种天主教及新教作家的哲学与神学著作。他毕业时已经能够使用拉丁语作诗,并开始形成自己的哲学思想。

接下来的5年,莱布尼茨在4所不同的大学拿到了学位。1661年他在莱比锡大学(Universität Leipzig)进行了为期两年的古典学习,攻读了拉丁语、希伯来语、希腊语以及修辞学的课程。1663年,在撰写了题目为《论个体化原则》(De principio individui)的论文后,他获得了学士学位。这是他关于单子的哲学思想的初步尝试,他在后来的50年里充分地发展了这一思想。1663年夏,他到奥地利的耶拿大学(Friedrich-Schiller-Universität Jena)访问,并在那里学习了几何及代数学课程。数学论证的重要性在他初次接触高等数学的过程中给他留下了深刻的印象。回到莱比锡后,他于1664年获得了哲学硕士学位,并于次年获得了法学学士学位。

他酝酿了两篇论文,来为他的法学博士学位和可能的法学教授生涯做准备。他写了《论组合的艺术》。这篇论文是他在德国大学获得教职的必要条件,文中,他尝试将所有的发现和推理过程都简化为一些基本元素的组合。这些基本元素包括数字、字母、声音以

及颜色等。他最终将这篇论文中的思想发展成了形式的、数学逻辑
的系统。同时，他博士论文撰写了《对复杂案例的讨论》，对法律中
一些错综复杂的情况进行了讨论。但莱比锡大学却因为他过于年轻
而拒绝授予他博士学位，莱布尼茨于是转学到了纽伦堡的阿尔特多
夫大学（University of Altdorf in Nuremburg），并于1666年11月在那
里获得了博士学位。

在皇家赞助人府上的任职

在获得博士学位后不久，莱布尼茨开始了他在皇家赞助人府
上的职务生涯。这使得他可以四处旅行、研究和写作，结识欧洲各
地的学者并与他们交流。他拒绝了阿特尔多夫大学提供的法学教
授职位，而暂时接受了纽伦堡蔷薇十字会秘书的工作，这是一个寻
找将常见化学药品转变为黄金的炼金术士团体。1667至1673年
间，莱布尼茨开始在其一生中5个皇家赞助人中的第一个——美因
茨（Mainz）选帝侯约翰·菲利普·冯·匈柏恩（Johann Philipp von
Schönborn）府上供职。作为一名法律顾问以及上诉法庭的助理法
官，他帮助选帝侯撰写意见书，解决一般的法律问题，改进了选帝侯
对于神圣罗马帝国——一个松散的中欧国家联盟的民法改革的计
划。他的职务使他可以同全欧洲的学者通信，并同欧洲主要学术团
体的秘书们建立了联系。他一生共向600多位同事写了约1.5万封
信件，就异常广泛的学科这些信件讨论的问题涉及了。

莱布尼茨到巴黎和伦敦执行了两次外交任务，让他结识了很多
国外学者，并参与了他们的学术讨论。1672年，选帝侯派他去巴黎

执行同法国国王路易十四会谈的任务,希望能够说服路易十四占领埃及,在北非建立殖民地并在苏伊士地峡修建运河,可惜这次任务并未成功。但在巴黎期间,莱布尼茨同数学家惠更斯和卡尔卡维建立了友谊,他们把他介绍给了法国皇家科学院的其他成员,并将法国数学家帕斯卡和笛卡尔的未发表的论文提供给他阅读。1673年,莱布尼茨担负着另一个促进英国与荷兰和谈的任务来到伦敦,此次任务让他结识了数学家约翰·佩尔(John Pell),并同其他科学家和哲学家建立了联系,他还被选为伦敦皇家学会的成员。

选帝侯于1673年去世,莱布尼茨在巴黎建立了私人的律师事务所,但他的大部分时间都花在了数学研究上。1676至1679年间,他回到德国汉诺威,在布鲁斯威克-吕纳堡公爵约翰·弗里德里希的机构中任职,担任公爵的私人助理、法律顾问、图书管理员、工程顾问、议会议员、法官以及造币厂负责人。应公爵的要求,他设计了一种风力驱动的泵,通过管子中的压缩空气来抽出哈尔茨(Harz)银矿中的水。尽管这一工程最后以失败告终,但在此期间他所积累的观测结果使他做出了地球曾经是一团熔岩的地质假设。

1680至1698年间,莱布尼茨为恩斯特·奥古斯特(Ernst August)工作。他在他的兄弟约翰·弗里德里希1679年去世后继任了布鲁斯威克的公爵。新公爵委托莱布尼茨为布鲁斯威克家族撰写家谱,为家族的君主地位提供了支持。为了这项任务,莱布尼茨花了3年的时间游历了慕尼黑、维也纳、罗马、佛罗伦萨、威尼斯、博洛尼亚和摩德纳等地进行调查。在维也纳,他同神圣罗马帝国皇帝利奥波德一世(Leopold Ⅰ)探讨了经济和科学的改革计划。在罗马期间,他回绝了梵蒂冈图书管理员的工作,并被选举为意大利的数学协会——数学物理学会的会员。1690年,他将搜集到的档案资料汇编为9册,成功地将归尔甫(Guelph)家族的祖先同埃斯特家族(House of Este)建立起了联系——布鲁斯威克家族即为归尔甫家族的一支(译者注:埃斯特家族为欧洲一古老的显赫王族,曾产生过巴伐利亚公爵,萨克森公爵,一位德国国王,以及费拉拉、摩德纳和勒佐的统治者等。经莱布尼茨考证,归尔甫家族系埃斯特家族一分支,这使得归尔甫家族后来飞黄腾达)。这一研究结论使得新公爵在1692年被选为选帝侯,成为德国有权选举神圣罗马帝国皇帝的君主之一。

格奥尔格·路德维希(Georg Ludwig)于1698年继承恩斯特·奥古斯特成为新的选帝侯。在他生命的最后18年,他雇用莱布尼茨,为布鲁斯威克家族撰写家族史。由于莱布尼茨的智慧在这项工作上是明显大材小用,他又同时在勃兰登堡的女选帝侯恩斯特·奥古斯特的女儿索菲亚·夏洛特(Sophia Charlotte)的府上工作。莱布尼茨被雇请做她的私人教师以及私人顾问,并指派他在柏林着手建立一所科学院。1700年,莱布尼茨建立了勃兰登堡科学院并担任院长,这所学院10年后成为柏林皇家科学及文学院(l'Académie Royale des Sciences et des Belles-Lettres de Berlin)。从1712年起,莱布尼茨致力于在俄国圣彼得堡,以及奥地利维也纳建立类似的科学院。尽管格奥尔格·路德维希在1714年成为英格兰国王乔治一世(George I),但他并没有为莱布尼茨在英国议会提供任何职位,而是要求他在汉诺威继续撰写自己的家族史。莱布尼茨最终也没有完成这部家族史。

莱布尼茨在一系列皇家赞助人府上担任各式各样的职务,使得他能够跟不同领域的许多知识分子通信,并同各国博学的同事们建立联系。能够及时了解到各国学者的最新研究,与学术活动保持同步。具备这些条件，再加上他如饥似渴，永不满足的阅读习惯和从事精深研究的愿望，使得他在许多学科都发展出了重要的方法和理论。

 微积分的通用理论

17世纪70至80年代，莱布尼茨作出了他最重大的数学贡献——发展出了微积分的通用理论。在1672年访问巴黎期间，他读到了弗兰德数学家、圣文森的格里高利（Gregory of Saint-Vincent）关于无穷级数的论文，以及帕斯卡关于计算扇形面积的论文。1673年，佩尔还与他分享了其他一些新近的关于无穷级数的结论，惠更斯帮助他掌握了高等几何学中的高级技巧。凭借自己的数学背景，莱布尼茨发展出了一般的切线方法来计算曲线下的面积。帕斯卡、费马、罗波瓦尔、巴罗、卡雷利、托里以及其他一些欧洲数学家，都曾发明出了计算特定类型曲线下面积的方法。而莱布尼茨切线的一般方法则由一套积分系统——有时被称为矩形积分（quadrature，译者注：quadrature意为"使方形化"，即求一个与所给曲线围成面积相等的矩形的过程。后来也被用来表示用积分方法求面积）构成。这一方法可以在各种情形下加以运用，并且具有一整套已知的技巧来进行计算。

在莱布尼茨1674年给惠更斯的一封信中，他宣称通过反正切函数的无穷级数，可以将他的求积方法推广到计算一段圆或者双曲线内的面积，或者摆线的面积。一年内，他就研究出了微积分的基本特征，发明了微商运算符来表示曲线上任意一点的切线斜率，并进一步将他的求积方法推广到对矩形进行无穷求和来得到曲线下面

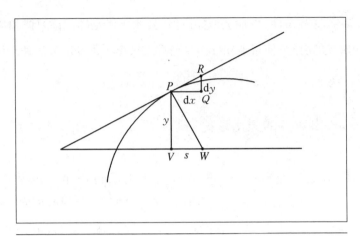

次切线（subtangent）的方法构成了莱布尼茨微积分理论的核心，它基于特征三角形*PQR*和次切距*VW*之间的关系，可以表示为∫σdx=∫ydy。

积。他发展出了dx、$\dfrac{\mathrm{d}y}{\mathrm{d}x}$以及∫$y$的符号，分别表示微分、微商（导数）以及积分运算。在几次失败的尝试之后，他成功地推出了乘积求导的法则：d（uv）=u·dv+v·du。莱布尼茨这些年来主要的突破在于发现了微分及积分运算之间的互逆关系，这一关系被称为微积分基本定理。他曾经读到的关于计算切线和面积的所有论文都没能得出这一关键思想。而正是这一思想，将各种不同的计算技巧都统一到了一个通用的微积分理论中。1676年秋，莱布尼茨证明了对于复合运算的链式法则，以及指数求导的法则d（x^n）=nx^{n-1}，这一法则中的n可以是整数也可以是分数值。莱布尼茨在一篇手稿中解释了他关于微积分的所有想法。他向一些同事传阅了这一稿件，但从未将其出版过。

1676至1677年，在同英国数学家牛顿的4封信件往中，莱布尼茨向牛顿询问了无穷级数方法的一些细节，并同他分享了一些自己关于积分的结论。他们都没有意识到，他们已各自独立地发展出了等价的微积分理论。1664至1666年，牛顿发展出了流数和流量的方法,这正对应于莱布尼茨的求导和积分的方法。因为牛顿从来没有发表过任何对于他的流数法的描述,莱布尼茨一直不断地发展并完善着自己的方法,并相信他的研究是独创而新颖的。

　　莱布尼茨于17世纪80年代发表在德国数学刊物《教师学报》上的一系列3篇论文,包含了关于他的微积分通用理论的声明。1682年的论文《论在有理数中用内接矩形逼近圆的正确比例》概述了他对圆的矩形积分的主要结论,但并没有充分地展示他的微积分体系。两年后,他发表了《对有理量和无理量都适用的,求极大值和极小值以及切线的新方法,一种独特的演算》。在这一里程碑式的著作中,他给出了求导方法的完整表述,公开地介绍了微分、微商、求导和微积分这几个名词术语,以及相应的微分和微商的符号d（ ）和$\frac{dy}{dx}$。莱布尼茨给出了指数、商和乘积求导的法则,但没有提供证明,他还解释了确定代数函数的代数积分的方法。通过微商作为曲线切线斜率的这一几何灵感,他给出了用微商确定曲线极值点,并用二阶微商来确定其究竟是极大值还是极小值的方法。在与此相应的发表于1686年的论文《论几何的秘密,及不可分量和无穷小量分析》,莱布尼茨给出了积分的步骤和微积分基本定理。这一论文包含了将拉长的"S"作为积分号$\int$,并用$\int ydx$表示积分的记号方法,这是其首次在出版物中出现。

　　在后来的10年里,莱布尼茨发展出了很多其他的微积分技巧。1691年,他得出了代表三角函数sin（ x ）和cos（ x ）、自然对数函数ln（ 1+x ）及其反函数的无穷级数。1693年,他给出了使用待定系数求解微分方程的方法,并在两年后,阐释了他对y^x形式的指数函数求导的方法。1702年,他出版了有理函数的积分法。1704年,他将其扩展到了特定类型的无理函数。

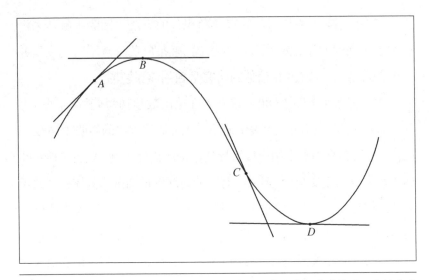

在他主要的微分学著作中，莱布尼茨解释了导数即为曲线切线的斜率。当斜率为正或为负时，曲线分别上升（A）或下降（C）；当斜率为零时，曲线则取它的极大值（B）或极小值（D）。

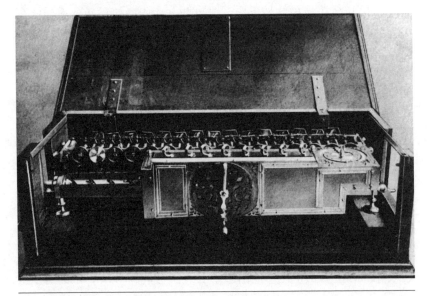

莱布尼茨设计出了一台可以进行加减乘除及开方运算的机械计算器。

　　莱布尼茨关于微积分的信件和论文中的其他内容,都涉及英国及欧洲大陆数学家之间展开的旷日持久的关于微积分发明权的争论。英国数学家指责莱布尼茨剽窃了牛顿的成果,而大陆数学家则指向了莱布尼茨所使用的不同的记号及术语,以及可以证实其原创性的早期著作。1702年,莱布尼茨撰写了《对无穷小量微积分的辩护》,意在充分解释他的方法,并澄清导致了他的发现的事件进程。这场争论一直持续到18世纪。在今天,数学家们普遍认为牛顿和莱布尼茨他们各自独立地发明了微积分理论。

其他数学发现

　　除了发展出微积分以外,莱布尼茨还作出了许多其他的数学贡献。在17世纪70年代,他设计了一种可以进行加减乘除及开方运算的机械计算器,它通过发条及各种齿轮装置传动。他在1672年造出了不完整的模型,并于1673年在一次伦敦皇家学会的会议上进行了演示。当他意识到自己的设计很难通过当时的技术来实现,就很快将注意力转移到了其他问题之上。第一台实用的计算机器在1774年由P. M. 哈恩(P. M. Hahn)建造成功,它实际上就是基于莱布尼茨的设计。

　　1774年,在莱布尼茨对复数运算进行研究时,他给出了等式 。这一方程可以通过对方程两边进行平方,依照标准而平常的算术运算法则就可以得到证明。对这一结果一般化,他论证了所有诸如$\sqrt{a + \sqrt{-b}}$和$\sqrt{a - \sqrt{-b}}$的一对共轭复数的和都是实数。

　　莱布尼茨关于微积分的早期著作与无穷级数的研究密切相关。1775年,他充满创意地求得了三角形数的倒数的无穷和的解: $S = \frac{1}{1} + \frac{1}{3} + \frac{1}{6} + \frac{1}{10} + \frac{1}{15} + \cdots + \frac{1}{n(n+1)/2} + \cdots$。将等式两边都除以2,他发现由此得到的无穷和的每个分数项都可以被表示为两个简单的分数的差:

$$\frac{S}{2} = \frac{1}{2} + \frac{1}{6} + \frac{1}{12} + \frac{1}{20} + \frac{1}{30} + \cdots + \frac{1}{n(n+1)} + \cdots$$

$$= \left(1 - \frac{1}{2}\right) + \left(\frac{1}{2} - \frac{1}{3}\right) + \left(\frac{1}{3} - \frac{1}{4}\right) + \left(\frac{1}{4} - \frac{1}{5}\right) +$$

$$\left(\frac{1}{5} - \frac{1}{6}\right) + \cdots + \left(\frac{1}{n} - \frac{1}{n+1}\right) + \cdots。$$

　　重新合并各项,可以使得邻近的分数互相约去,因此最终可以得到 $\frac{S}{2} = 1$,或者无穷和为2。一年以后,通过对 $\frac{1}{4}$ 圆周下面积的积分,莱布尼茨得到了和式 $\frac{\pi}{4} = 1 - \frac{1}{3} + \frac{1}{5} - \frac{1}{7} + \frac{1}{9} - \frac{1}{11} + \cdots$。这个式子反映了通过对所有奇数进行组合可以得到超越数 π。

　　莱布尼茨提出了一种新的记号,并用这种记号来确定线性方程组是否有解。比如对于写成标准形式的如下线性方程组:

$$\begin{cases} 10 + 2x + 3y = 0 \\ 13 + 7x + 5y = 0 \\ 15 + x + 4y = 0 \end{cases}$$

　　他使用 2_0 来表示第二个方程的常数项(13),用 3_2 来表示第三个方程中的第二个变量的系数。使用这种套记号,莱布尼茨提出了一个有解的方程组各项系数所必须满足的等式: $1_0 \cdot 2_1 \cdot 3_2 + 1_1 \cdot 2_2 \cdot 3_0 + 1_2 \cdot 2_0 \cdot 3_1 = 1_0 \cdot 2_2 \cdot 3_1 + 1_1 \cdot 2_0 \cdot 3_2 + 1_2 \cdot 2_1 \cdot 3_0$。这一等式与现代概念中行列式等于零的要求相当。他于1684年完成了他的关于行列式的创新性的工作,但直到1850年,这一著作才得到出版。

　　莱布尼茨对二进制的算术进行了试验,亦即使用数字0和1来将数字表示为2的幂的和的形式。在二进制系统下,1101代表了$1 \cdot 2^3 + 1 \cdot 2^2 + 0 \cdot 2^1 + 1 \cdot 2^0 = 8 + 4 + 0 + 1 = 13$,而10.11则表示了分数值$1 \cdot 2^1 + 0 \cdot 2^0 + 1 \cdot 2^{-1} + 1 \cdot 2^{-2} = 2 + 0 + \frac{1}{2} + \frac{1}{4} = 2\frac{3}{4}$。莱布尼茨为他的二进制运算体系提供了神学诠释,他设想1是上帝的体现,从无中创造出万物并赋予它们精神。他在1701年的论文《论一种新的计数科学》中提出了他的二进制符号的思想。他将这篇论文提交给了柏林皇家科学院来参选院士。20世纪的数学家们更加充分地发展了二进制计算的方法,为现代电子计算机表达所有信息提供了途径。

　　除了微积分以外,莱布尼茨最重要的数学贡献在于逻辑领域。他尝试发展出一套思维的代数,将所有逻辑论证都简化为符号形式。在1666年的论文《论组合的艺术》中,他提出了关于一种普遍特性的思想,并最终导致了这样一种形式逻辑的体系。他发展出了一套通用的符号来表示不多的几种基本概念,并建立了相应的逻辑运算,使得所有人类的思想都可用符号的组合表示出来。通过这一体系,真理与错误就成了计算正确与否的问题,常规的运算就可以导致新的发现。他部分的成功包括了同一律、空类、逻辑乘、否定、类的包含等概念的发展。莱布尼茨于1679年完成了这些著作,但直到1701年才将其出版。19世纪英国数学家乔治·布尔(George Boole)掌握了莱布尼茨的想法并创立了布尔代数。在布尔代数中,人们可以使用与、或、非和蕴含等逻辑运算,通过简单的概念来得到复合的表述。

哲学、动力学及神学

不仅仅限于数学,莱布尼茨具有广泛的兴趣爱好。他在哲学、动力学以及神学领域发表了一系列理论,它们吸引了这些领域内的顶尖学者。在1714年的论文《单子论》中,莱布尼茨提出了一切物体都是由无数被称为单子的微小单元所构成的理论,单子之间的相互作用可以解释物理及精神世界的各个方面。他撰写了很多神学论文,并在17世纪80年代在汉诺威协助组织了两次尝试联合天主教及新教教会的会议。在1710年的论文《论上帝的善,人类的自由与恶的起源等神学问题》中,莱布尼茨论证了全善的上帝的存在,也提到了不完美的世界中的恶的存在,并讨论了乐观的理念,认为理性和信仰并不是互不相容的。在1619年分为两部的动力学论文《动力学论》和《动力学样本》中,凭借着他的微积分理论,莱布尼茨使用科学的术语解释了动能、势能以及动量的概念。

在长期活跃地参与国际学术研究的生涯最后,莱布尼茨由于关节炎、痛风和心绞痛,于1716年11月14日逝世。然而他曾经协助建立或参与过的科学院中,没有一所发布正式的讣告。他的葬礼于12月14日举行,也没有一位他毕生为之工作的皇家议会的代表出席。

 结语

莱布尼茨所开创的革新性的数学思想对数学、自然科学以及工业技术的进步产生了深刻的影响。莱布尼茨与牛顿发明的微积分，一直是所有科学领域内分析连续函数的首要方法，至今仍然处于大学数学教育的核心地位。他开创的逻辑的数学体系和他所推进的二进制计算系统，构成了所有现代计算机存储及处理数据的逻辑基础。他关于行列式的概念在线性代数以及方程组求解中扮演了重要的角色。

八 莱昂哈特·欧拉

（1707—1783）

18世纪的顶尖数学家

尽管多年失明，莱昂哈特·欧拉仍然撰写了900部专著及论文，内容涉及一系列数学及科学领域。

尽管多年失明，但这丝毫不影响莱昂哈特·欧拉（Leonhard Euler）成为18世纪最具影响力的数学家。作为一位理论数学家，他为代数学、几何学、微积分以及数论作出了重大的贡献。作为一位应用数学家和科学家，他又在力学、天文、光学以及造船领域做出了重要的发现。欧拉创新的思想导致了新的数学分支的发展，包括图论、环论、变分法以及组合拓扑学。他一生的工作，通过他的大量著作以及近900篇研究论文，仍然在影响着我们今天的数学。

 学生时代，1707—1726

欧拉于1707年4月15日出生于瑞士巴塞尔。他的父亲保罗·欧拉是一位新教牧师,母亲玛格丽特·布鲁卡尔·欧拉是一位牧师的女儿。尽管他的双亲都鼓励他成为一名牧师,但是对他来说,成为一名数学家更具吸引力。在他1岁时,欧拉全家搬到了雷亨附近的一个小城镇。儿童时代的欧拉就可以记忆成列的数据,能背诵长诗和名人演讲,此外他还可以进行复杂而冗长的心算。他的父母意识到了他过人的天赋,决定送他到巴塞尔的外祖母家去住,使他能够进入较好的学校学习。

1720年,欧拉13岁的时候,他被巴塞尔大学(University of Basel)录取。在那里欧拉认识了数学教授约翰·伯努利(Johann Bernoulli),他是欧拉父亲在巴塞尔大学学生时代的好友。尽管欧拉从未听过伯努利的课,这位数学教授帮欧拉挑选了数学书籍供他阅读,并出题让他解答。每周六下午,欧拉都去拜访伯努利,同他探讨自己所不理解的每一个细节。通过每周的讨论,伯努利观察到这位年轻学生的数学天赋,对他很是鼓励。

欧拉在巴塞尔大学主修哲学,他学习了广泛的科目,但一直保持着对数学的深切热爱。他写了一篇论文,对牛顿和笛卡尔这两位20世纪伟大数学家的哲学著作进行了比较。在短短4年内,他就修完了自己的本科及硕士课程,于1722年获得了哲学学士学位,并于1724年获得了哲学硕士学位。为了像他的父母所希望的那样成为一名牧师,欧拉在17岁时进入神学院学习。他学习了希腊语、希伯来语和神学,但仍然定期与伯努利见面讨论数学问题。最终,这位数学教授说服了欧拉的父母,这个孩子的数学天赋远远超出了他作一个牧师的潜力。

为了能够在伯努利的指导下进行专职的数学研究,欧拉完成了他的首个数学发现,找到了两类数学曲线的新性质。他在他最早的两篇研究论文中解释了他的想法。一篇论文是 1726 年发表在《教师学报》中的《阻尼介质中等时曲线的构造》。另一篇是《寻找代数上互为倒数的轨迹的方法》在 1727 年发表在同一刊物上。

早期：圣彼得堡科学院，1727—1741

在大学的几年里，欧拉与老伯努利的儿子、比他大 7 岁的丹尼尔·伯努利（Daniel Bernoulli）成了朋友。1725 年，丹尼尔·伯努利搬到了俄国，并成为圣彼得堡科学院数学学部的第一位负责人。学院是在 1723 年由彼得大帝的妻子、女皇叶卡捷琳娜一世（Catherine I）为发展数学及科学研究而创立的。约翰·伯努利鼓励欧拉在科学院中申请一个教职。在他的建议下，19 岁的欧拉便得到了一个在医药及生理学部讲授数学应用的职位。

欧拉于 1727 年学年开始时抵达圣彼得堡，他很快得到通知，自己已被转入了数学及物理分部。他搬到了伯努利家，在其住宅中的一间住了几年，这样的安排使得两人有很多的机会探讨数学问题。为了补贴他在科学院相对单薄的收入，他在俄国海军做了 4 年的医务官（medical lieutenant）。

在圣彼得堡的第一年，欧拉参加了一场由巴黎科学院赞助的竞赛。参赛者被要求找出安排船的桅杆的最有效的方法。欧拉的方案赢得了二等奖，这是他首次在这个一年一度的解题竞赛上获奖，他一共在这个比赛上获过 12 个奖。

1730 年，欧拉被任命为科学院的物理学教授。3 年后，丹尼尔·伯努利回到瑞士去接受另一个大学的教职，于是 26 岁的欧拉便成了数学学部新的负责人。1734年,他与卡塔琳娜·葛塞尔、一位搬到俄国的瑞士画家的女儿结婚。在他们40年的夫妻生活中一共养育了13个孩子。欧拉很喜欢同孩子们一起做游戏,并念书给他们听,甚至晚上经常抱着孩子进行数学研究。不幸的是,就像当时常见的那样,其中的8个孩子都因为各种疾病而早年夭折。

1735年,欧拉获得了令他在欧洲声名鹊起的数学发现——他确定了对无穷级数$1 + \frac{1}{4} + \frac{1}{9} + \frac{1}{16} + \frac{1}{25} + \cdots$求和的方法。这一无穷级数也可以表示为$\frac{1}{1^1} + \frac{1}{2^2} + \frac{1}{3^2} + \frac{1}{4^2} + \frac{1}{5^2} + \cdots$,或者简写为$\sum \frac{1}{n^2}$。这一问题当时被称为巴塞尔问题。因为约翰·伯努利的哥哥,曾经同为巴塞尔大学数学教授的雅可布·伯努利提出过这一问题,并挑战数学家们来求解它。90年来,数学家们在这个问题上得出的解答仅仅在于,尽管具有无穷多的项,这一级数的总和不会超过2,并且趋近于1.64。欧拉给出了这个无穷和的精确值$\frac{\pi^2}{6}$,它约等于1.644 934。他的求解过程堪称数学及逻辑的杰作,它将无穷积与无穷和及三角函数$\sin(x)$的性质联系了起来。通过求解这个问题,欧拉在证明中还给出了类似的指数为4、6、8、10和12的无穷级数的和。

在解决了巴塞尔问题之后,欧拉还有其他很多数学发现,并撰写了大量的论文,发表在圣彼得堡科学院出版的数学刊物上。他的论文之多,致使某几期刊物中一半的文章都是他的,他最终成为这一刊物的编辑。圣彼得堡科学院是政府开办的学术机构,因而欧拉作为教授的职责之一,就是作为政府以及军事各种领域的顾问。除了编辑、研究和教学工作以外,他还协助绘制地图,为俄国海军提供各种建议,并检查消防车的设计。

欧拉在科学院的一位数学同事克里斯蒂安·哥德巴赫（Christian Goldbach），令欧拉对他的数论研究，亦即对整数性质的研究产生了兴趣。尽管哥德巴赫很快就离开了圣彼得堡科学院，去莫斯科大学教书，但他们之间一直保持着密切的联系，互相频繁地通信，并一起进行研究合作。

1732年，欧拉获得了他在数论研究中的第一个成果，他证伪了数学家费马在大约100年前提出的一个命题。当时，费马是数论领域最为著名的数学家，尽管他从来没有发表过他的证明，但他提出的数学命题往往是正确的。他曾提出，如果正整数n是2的幂，则2^n+1是素数，亦即它不具有大于1的真因数。欧拉给出$2^{32}+1=4\,294\,967\,297$并不是一个素数，它可以因数分解为641和$6\,700\,417$的乘积。他的成功也激励着欧拉，使他终生对数论问题保持着浓厚的兴趣。

欧拉还对费马的另一个数学论断，被称为费马最后定理的著名猜想，做出了成功的研究。2000年来，数学家们都认识到了方程$a^2+b^2=c^2$具有无穷多的正整数解，比如$a=3$，$b=4$，$c=5$以及$a=5$，$b=12$，$c=13$，等等。费马声称，对于一般的方程$a^n+b^n=c^n$，在整数n大于2时没有整数解。的确没有人能够发现三个整数能够满足这个方程，但也没有人能证明人们的确不可能找到这样的一组解。欧拉证明了，方程在$n=3$时没有整数解。他的证明令数学界大为震惊，而他在证明过程中所发展出的数学思想，导致了被称作环论的新的数学分支的建立。后来，又有其他数学家证明了n取其他一些值时，方程也没有整数解。一直到1994年，英国数学家安德鲁·怀尔斯（Andrew Wiles）才彻底地证明了这一定理。

欧拉为数论作出的另一个重要贡献是定义了欧拉函数$\phi(n)$，它用来表示从1到n之间,与n没有除1以外的其他公因数的整数k的个数,亦即与n互素的k的个数。举例来说,数字6与2、3、4、6都有公因数,但与1和5互素,因此φ（6）=2；同样地,12与2、3、4、6、8、9、10、12有公因数,但与1,5,7,11互素,因此φ（12）=4；但是φ（19）=18,因为19与比它小的所有正整数互素——它是一个素数。素数和因数分解是数论的两个核心概念,欧拉函数这一简单的定义成为数论中的一个重要思想。

1736年,欧拉解决了困扰数学家们多年的另一个问题——哥尼斯堡（Königsberg）七桥问题。德国城镇哥尼斯堡由4块陆地组成,这4块陆地由7座桥互相连接。人们想知道,是否能够有一种方法,在走每一座桥且只走一次的情况下将德国城镇游览一遍。欧拉对这问题进行了数学抽象分析,每块陆地他分别使用一个点来表示,而连接两块陆地的桥梁则用相应两点间的连线来表示,这样就得到了七桥问题的一个抽象的图形表达。

欧拉将图形中所有的点分为两类,按照每个点所连线段的数目的奇偶性,将顶点分为奇顶点和偶顶点。他发现,如果一个顶点是奇顶点,那它必须要么是旅游路线的起点,要么是终点。而哥尼斯堡地图中有4个奇顶点,因此它不存在这样一笔就能完成的旅游路线。此外,欧拉还证明了,为了得到在同一点起止的遍历路线,所有的顶点都必须是偶顶点。这样的路线后来被称为欧拉图。欧拉在解决这一问题时所运用的数学思想建立了被称为图论的数学分支,今天人们仍然在活跃地进行着图论的研究。

欧拉在这一时期的著作《力学》是一项重要的成就,它共有两卷,在1736年及1737年发表。在这部物理书中,他使用了微积分来解释牛顿在17世纪所提出的动力学以及运动定律。它发展出了一

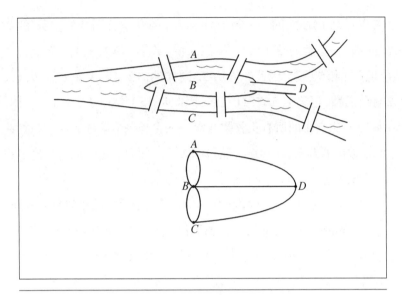

欧拉引入了一种由顶点和边构成的抽象图来表示科尼斯堡的7座桥。他在解决这一著名问题的同时,也提出了一个新的数学分支——图论。

套前所未有的一般方法,来求解物体在真空及介质中运动的问题。他还得出了用于分析物体在平面的运动的微分几何与测量学的新结论。

　　1738年,在欧拉31岁时,他患上了严重的眼部感染,两年内他的右眼就失去了视力。他不顾病情的恶化,继续撰写关于造船、声学以及音乐的物理学的论文。1738年和1740年,他获得了巴黎科学院年度解题竞赛的大奖。直至1741年,他已经发表了55篇研究论文,此外还有30篇他生前并未发表的论文。

　　在女皇叶卡捷琳娜一世去世后,很多俄国人都对像欧拉这样的外国人表示不信任。他们迫使俄国新的统治者用俄国本土公民替换了所有的外国教授。在俄国度过硕果累累的14年后,欧拉被迫离开了圣彼得堡科学院。

中期：柏林科学院，1741—1766

1741年，欧拉接受了普鲁士国王弗雷德里克大帝（Fredrick the Great）的邀请，成为柏林皇家科学及文学院的数学教授。他在柏林科学院度过了多产的25年，在这里他共撰写了380部著作及论文，广泛地涉及了纯粹数学与应用数学的各个领域。同时，他还是天文台和植物园的理事，以及地图和日历制作部门的主任。他在1759年成为柏林科学院的院长，并担任此职直到1766年。

欧拉的一些著作，为科学和应用数学很多领域内的概念提供了坚实的数学基础。1744年，他在《行星及彗星运动论》中发表了关于轨道计算的一些基本结论。1745年，他翻译了本杰明·罗宾斯（Benjamin Robins）的《射击学新原理》（New Principles of Gunnery）一书，并在其中添加了很长的关于弹道学的附录，使其比原来的著作更为流行。1753年发表的《月球运动论》（Theoria motus lunae）为月球的运动给出了详细的数学解释。1765年的《刚体

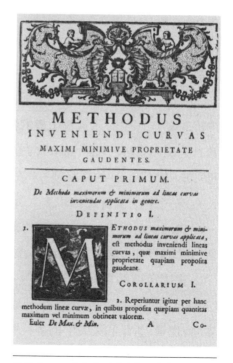

欧拉在1740年发表的《寻求具有某种极大或极小性质的曲线的方法》中提出了变分法。

105

运动论》指出物体的运动可以看作是平动和转动的合成。

与此同时，欧拉还完成了一些很具影响力的纯数学理论著作。他在1740年发表的《寻求具有某种极大或极小性质的曲线的方法》中，引入了新的数学分支——变分法，其他数学家称赞这本书是最美的数学著作之一。1748年，他撰写了著作《无穷小分析引论》，其中给出了第一个关于函数概念的正式定义。他使用记号 $f(x)$ 表示 f 是 x 的函数，并研究了复数，提出了所谓的欧拉公式：$e^{ix}=\cos(x)+i\sin(x)$。当 $x=\pi$ 时，则得到了著名的欧拉恒等式：$e^{i\pi}=-1$。在这部著作里，他重新将微积分作为函数理论，而非几何曲线的研究方法加以定义。在1755年的著作《微分学原理》中，从有限差分的观点介绍了微积分理论。

1752年，欧拉发现了多面体欧拉定理。诸如箱子、金字塔、足球等都可以被看作是多面体，它们的侧面分别是矩形、三角形和六边形。欧拉发现，一个多面体的侧面数目，与其顶点的数目（即多面体的棱的交点）之和，永远等于棱的数目加2。若将侧面、顶点和棱的数目分别用字母 F［面（face）的首字母］、V［顶点（vertex）的首字母］、E［棱（edge）的首字母］来表示，则可以得到公式：$F+V=E+2$。比如，一个箱子具有6个面、8个顶点和12条棱，于是可以满足公式 $6+8=12+2$。而对于一个具有四边形底面的金字塔来说，则具有5个面、5个顶点和8条棱，仍然满足公式 $5+5=8+2$。

欧拉在柏林期间还担负了教育国王的侄女安哈尔特-德绍（Anhalt Dessau）公主的任务。他给公主写信介绍了光、声音、磁力、重力、逻辑、哲学和天文学的各种概念，向她解释了许多物理现象背后的科学基础，比如为什么赤道附近高山上也会感到冷，为什么月亮在接近地平线时显得比较大，为什么天空是蓝色的，以及人眼是

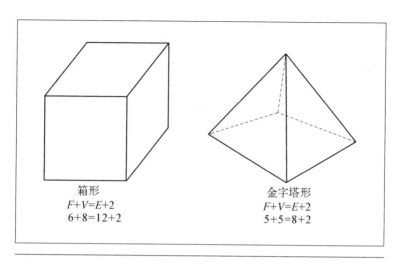

箱形
$F+V=E+2$
$6+8=12+2$

金字塔形
$F+V=E+2$
$5+5=8+2$

欧拉公式$F+V=E+2$指出，对于任何多面体，比如箱形或者金字塔形，其面与顶点的数目的和均等于棱的个数加2。

怎样工作的等。他给公主的234封信件后来被汇编成册，以《给一位德国公主的信》为书名在1768—1772年间分3册出版。作为最早的写给非专业人士阅读的科普著作之一，这套书获得了巨大的成功，并被由德文翻译成了英语、俄语、荷兰语、瑞典语、意大利语、西班牙语和丹麦语，在欧洲和美洲广为流行。

　　欧拉在柏林科学院工作时，还担任着圣彼得堡数学期刊的编辑工作，并在上面发表了他的许多数学论文。他用做编辑的薪水购买了很多书籍和科学仪器，并将它们寄回俄国，捐给圣彼得堡科学院。即便在1756—1763年两国7年战争时期，欧拉仍然与他的俄国同事们保持着友好的关系。

　　在18世纪60年代中期，弗雷德里克大帝开始为柏林科学院物色新的领导人。尽管欧拉在科学院工作的25年里为数学学部赢得了国际性的声誉，但国王还是想启用一个更加文雅并具有更少保守思想的人替代他。而与此同时,俄国新的女沙皇叶卡捷琳娜大帝（Catherine the Great）即位,并且平抑了俄国国内的政治与经济的不稳定因素。1766年,欧拉的同事们邀请他回到圣彼得堡科学院,欧拉接受了这一邀请。

回到圣彼得堡科学院,1766—1783

欧拉回到圣彼得堡后的前7年充满了悲剧,他的另一只眼睛也开始失明。到1770年,他完全失明了。1771年,欧拉的房子被大火夷为平地,他和他的妻子带着少数的数学论文勉强逃生。而1773年,陪伴他40年的妻子卡塔琳娜去世。

欧拉已不能再阅读和写作,于是他请了其他的数学教授将书和刊物上的文章读给他听,遇到表格或图像就向他做描述。他的儿子约翰·阿尔布莱希特·欧拉（Johann Albrecht Euler）也参与了这项工作。欧拉能够理解别人念给他听的内容,并在头脑中构造出各种数学概念,还通过心算完成必要的数学运算。在他求解了一个问题或证明了一个定理后,再将它的结果口述给其他的教授们听。通过这种方式,欧拉神奇地撰写出了400部著作及论文——而且其中有50部是在一年内完成的。

他在这段时期撰写的著作广泛涵盖了一系列的数学和科学领域。他撰写了一部3卷本的关于积分和微分方程的著作,标题为《积分学原理》,作为对他早期的微分学著作的补充,并于1768—1770年间发表。3卷本的《折射光学》（Dioptrica）于1769—1771年间发表,研究了折射光线的光学原理。他的代数学课本

《代数完全指南》于1770年出版。1772年，他重新修订出版了他
以前的关于月球运动的数学分析的书，这一修订后的共有775页
的大部头著作题目为《用全新方法论述月球运动》。1773年，他撰
写了一本论述船舶制造及操纵的手册，名为《科学航海——建造
与操纵船舶的完全理论》，并被法国及俄国的海军军官学校采用。
"欧拉砖"的概念是他提出的新想法之一。这是一种所有的棱和面
对角线都具有整数长度的长方体。他证明了存在无穷多个这种长
方体，其中尺寸最小的是一个棱长分别为240、117和44的长方
体，其面对角线的长度分别是267、244和125。他从小培养出的
心算能力，使他在失明后得以神奇地通过心算来完成其中所需要
的运算。

　　欧拉活跃的思维直到他生命中的最后一天。1783年9月18日，

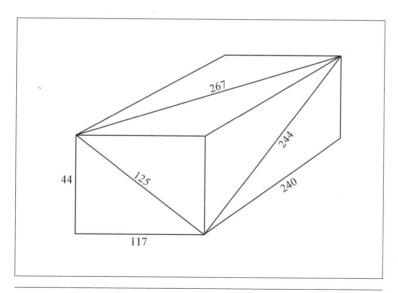

欧拉证明了存在无穷多的棱及面对角线长度均为整数的长方体。通过心算，
他给出了如图所示大小的长方体，是所有"欧拉砖"中最小的一个。

在同孙子孙女们玩耍,还讨论了热气球中的数学并进行了一些关于天王星轨道的计算后,欧拉因突发脑溢血,在圣彼得堡的家中去世,享年76岁。

结语

在他的一生中,欧拉一共发表了560部著作及论文。在他去世后的80年里,他的同事们又发表了他的另外300篇研究论文,大部分都发表在他多年担任编辑的圣彼得堡科学院期刊上。还有300封是他与其他数学家和科学家探讨其新发现的信件从未被发表。人们汇编了他所有的发表过的著作,名为《欧拉全集》,共计72卷。其中,包括关于数学的29卷,关于力学与天文学的31卷,及关于物理学和其他应用学科的12卷。

通过丰富的著述,欧拉不仅仅影响了数学和科学的问题本身,还同时影响了它们被提出和讨论的形式。他提出的很多符号都成为标准的数学符号,比如用e来表示自然对数的底(值约为2.718 28),用i表示虚数单位$\sqrt{-1}$,用$\sum$表示求和,用π来表示圆周率(值约为3.141 59),以及使用Δy来表示y的变化量。数学家们沿用欧拉的记号、符号和术语如此之多,以至于与欧拉以前的数学相比,欧拉以后的数学看起来与之显著不同,显得更为亲切。

欧拉充实的一生对三角学、微积分、数论以及其他发展中的数学领域产生了重大的影响。他的理论及发现为许多新的数学分支奠定了基础,其中,包括变分法、微分方程、复数理论、图论、环论以及特殊函数论。他的数学成果的应用,为力学、天文学、光学、航海、物理学、弹道学以及保险业都作出了重要的贡献。欧拉在他生活的时代对欧洲数学界的影响力是如此巨大，以至于数学家们经常把18世纪称作是欧拉的世纪。

九 玛丽亚·阿涅西

（1718—1799）

数学的语言学家

玛丽亚·阿涅西运用她通晓7门语言的能力撰写了一本微积分教科书,其中结合了欧洲各国的数学发现。

　　玛丽亚·盖达娜·阿涅西（Maria Gaetana Agnesi）将她通晓7门语言的能力同她广博的数学天分结合起来,撰写了一部教科书,给出了对微积分的统一处理。这10年工作的成果使她得到了来自国际数学界的高度赞誉。她更为著名的是一条被错误地称作"女巫"的曲线。然而在事业的巅峰时期,她放弃了数学,转而投身于照顾贫穷年迈妇女的慈善工作。

 早期家庭生活

　　阿涅西1718年5月16日出生于意大利米兰（Milan）。她的父亲唐·皮耶罗·阿涅西·马里亚纳,是一位富有的丝绸商人。他一共结过3次婚,共育有21个子女,阿涅西是他的第一个孩子。

阿涅西的父亲雇请了许多著名的教师为他的子女们教授范围广泛的各种课程,其中4位都受过很高的数学训练:女教师米凯莱·卡萨蒂(Michele Casati),后来成为都灵大学的教授;弗朗切斯科·马纳拉(Francesco Manara),后来成为帕维亚大学的教授;卡洛·贝洛利(Carlo Belloni),是一位出色的数学家;拉米罗·朗比奈利(Fr. Ramiro Rampinelli),是一位天主教牧师,曾经是罗马及博洛尼亚大学(University of Bologna)的数学教授。

阿涅西在孩童时代就显示出了学习语言的天赋。5岁时,她就能够讲一口流利的法语。9岁时,她将她的一位老师的论文由意大利文译成了拉丁文,这位老师积极提倡妇女接受高等教育。阿涅西的父亲出资出版了这篇论文,其题目是《论妇女的学习自由之不容轻视》。11岁的时候,她已经能够运用7国语言——法语、拉丁语、希腊语、希伯来语、德语、西班牙语及其母语意大利语——来交谈、阅读和写作。

作为一个有教养的贵族,阿涅西的父亲使他的家成为一个学术交流的中心。在款待他的商人朋友、来访权贵的晚宴中,他经常让阿涅西用拉丁语背诵演讲词来为客人助兴;同时她的妹妹玛丽亚·特蕾莎会在大键琴上演奏古典音乐。当她们再大一些的时候,玛丽亚·特蕾莎能够演奏自己创作的曲目,而阿涅西则热衷于同她父亲博学的客人们进行辩论,或当众朗读她关于政治、社会、哲学及当时的科学问题的论文。1738年,父亲出资发表了阿涅西的论文集,这部题为《哲学论题》的论文集包括了她的191篇论文。她研究的范围很广,包括哲学、自然科学、逻辑学、本体论、机械力学、化学、弹性力学、植物学、动物学、矿物学以及妇女的教育问题。

18岁时，在朗比奈利的指导下，阿涅西完成了一部书稿，在其中评论了两本书：一本是由纪尧姆－弗朗索瓦－安托万·洛必达 侯 爵（Guillaume-François-Antoine, marquis de l'Hôpital）于1707年撰写的《圆锥曲线分析论》，另一本是夏尔·勒内·雷诺（Charles René Reyneau）于1708年撰写的《证明了的分析》。洛必达的著作讨论了圆、椭圆、抛物线和双曲线这类所谓圆锥曲线的数学性质。利用这类曲线可以描述车轮的旋转，行星的运行轨道，抛出的球的轨迹，以及放大镜的形状。雷诺的该微积分著作则对17世纪以来的一系列数学发现提供了统一的考察，包括弹道学和行星运动等。尽管玛丽亚的这部书稿从未得到发表，但是后来的数学家们对这部书稿的评价颇高，认为它对那两部数学书提供了一个准确的、见解深刻且易于理解的评论。

在阿涅西20岁时，她告诉父亲自己希望加入一家修道院，成为一名修女并为穷人服务。对她来说，祈祷、慈善工作以及安静的研习，比起在晚宴上同客人辩论，穿着正式的礼服，观看歌剧、交响乐和戏剧演出更有吸引力。父亲劝说她留在家里，这样也可以教育和培养她的弟弟妹妹们。同时，父亲还允许她可以不去参加正式的社交活动，同意她穿着俭朴，并给她祈祷和学习的时间。

《分析讲义》

在接下来的10年里，阿涅西把她的精力都投入了一本微积分书的写作中。最初，她只是想像洛必达和雷诺那样，为自己提供一种对数学分析更为全面且清晰的解释。但由于她还担负着教育自己的弟弟妹妹们的更大的任务，于是她改变了该书写作的目标，打算撰写一本他们在学习过程中可以用得着的著作。在朗比奈利的鼓励之下，这本书最终演化成了一本面向意大利大学生的教科书，并取名为《供意大利青年使用的分析讲义》。

在这部书中，阿涅西对微积分的概念提供了一种通用的解释。在此前的100年里，英国的牛顿、德国的莱布尼茨，以及法国、俄国、意大利等其他欧洲国家的数学家们各自发展出了不同的微积分的表达方式。他们用不同的语言进行写作，对于同一概念发明出不同的名称，并使用了各式各样的符号来表达和解释同样的想法。阿涅西运用语言学和数学的天赋将他们的著述翻译为意大利文，统一使用莱布尼茨的微分记号来表示他们的成果。她用一种本来的顺序呈现这些材料，使其所有数学概念都遵循一个逻辑的进程。对于一些理论性的概念，她还添加了很好的例子来加以说明。

阿涅西将她的精力完全贯注在这部书创作的各个方面。她在入睡前将未解决的问题遗留在书桌上，有时又会突然起身写下解答，然后在尚未醒过来的状态下回去继续睡觉。她同当地的出版家联系到一台印刷机放在家中，以使她可以亲自监督印刷过程的各个细节。为了使书更加易读，她使用了较大的纸张，在页边留下空白，并使用大号字体进行印刷，还添加了丰富的图表和说明。意大利数学家雅可布·黎卡提（Jacopo Riccati）阅读了该书的草稿，对其进行了修订，并同她分享了一些他的关于积分的未发表的著作。

经过10年的努力，阿涅西于1748年出版了她这部书的第一卷，并于次年出版了第二卷。这一规模宏大的著作包含1 020页正文，1页勘误表以及49页附录——一系列超大的可以向外翻开的页面，使读者可以在阅读过程中查阅相应的图表。该书介绍有穷量分析的第一卷包括了初等数学,关于方程的经典理论、坐标几何、圆锥曲线的构造以及确定极大值、极小值、切线和拐点的解析几何的方法。第二卷共分为3个部分,每一部分又分为数章,讲述了无穷小量的分析。内容包括了微分、积分、幂级数、反切线法,以及微分方程的基础。

 ## 对《分析讲义》一书的反应

《分析讲义》作为阿涅西的主要成就吸引了国际的目光,这部书很快得到了学术界的赞誉,认为它是自洛必达1696年的著作《无穷小量分析》之后的第一部完整而清晰的微积分教科书。法国科学院由让·道尔图·德迈朗(Jean d'Ortous de Mairan)和埃蒂安·米诺特·德·蒙蒂尼(étienne Mignot de Montigny)领导的一个数学委员会称赞阿涅西巧妙地将不同数学家的工作结合在了一本全面而易读的著作之中。他们夸奖这部书条理清晰、内容详细,认为这是在所有语言里对此内容的写作最为清楚和完善的著作。

阿涅西将这部书题献给了奥地利女大公、神圣罗马帝国皇后玛丽娅·特蕾西娅(Maria Theresa),她统治着哈布斯堡王朝,包括了阿涅西所生活的意大利北部地区。阿涅西在书的扉页上写道,玛丽娅·特蕾西娅是她的榜样,为她的创作提供了灵感。皇后对此感到荣幸,并为这样一位女数学家的成就所打动,送给阿涅西一枚钻石戒指和一个华丽的装饰有宝石和钻石的水晶盒子。

教皇本笃十四世给阿涅西写信,为她的成就给意大利带来的荣誉表示祝贺,并赠给她一枚金质奖章和一个饰有珍宝的黄金花环。

1750年，由于博洛尼亚大学校长和几位意大利科学院院士的建议，教皇在博洛尼亚大学提供给阿涅西一个数学和自然哲学的教席。尽管学校寄给她正式的委任书，并在接下来的45年里一直将她列在教员名单之中，虽然她从没有在那里授过课。

在阿涅西著作第一卷问世的那一年，瑞士数学家欧拉发表了题为《无穷小分析引论》的微积分著作。这部经典著作，以及7年后的著作《微分学原理》，由于其对微积分的可靠而成熟的研究，抢去了阿涅西著作的风头。尽管如此，她的著作还是被翻译为多国语言，并作为欧洲很多国家的教科书一直流行了60多年。1775年，法国科学院的院士们希望出版一部初等的微积分教科书。他们授权皮埃尔·多马·昂特密（Pierre Thomas Antelmy）将阿涅西著作的第二卷翻译为法文，并增加了一些关于三角学的材料，并以《初等微积分》为标题出版。阿涅西著作的新版本持续出现，一直到19世纪。其中最著名的是约翰·考尔森1760年完成的英译本，该书在他去世后的1801年以《分析讲义》为题出版。

"阿涅西的女巫"

在考尔森的译本发表之后，阿涅西在其第一卷的最后添加的一个特别的例子吸引了很多人注意。这是一个有时被称为正矢曲线的三次曲线的例子——所谓三次曲线，即其方程中最高项指数为三的曲线。在此前一个世纪中，也有其他数学家对这一曲线进行了研究。1665年，法国数学家费马曾经讨论过这个曲线的方程。1703年，意大利数学家古伊多·葛朗迪（Guido Grandi）对该曲线图形的构造进行了详细的描述。葛朗迪给这种曲线起名为"versoria",这是从拉丁文动词"vertere"而来的,意为"转向"。阿涅西使用了意大利词"versiera"来给这个曲线命名。

这条曲线的方程是$y = \dfrac{a^3}{x^2 + a^2}$。对于任何确定的值$a$,坐标$(x, y)$符合方程的点的轨迹构成了一条从圆的两边滑下的曲线,向两边展开时逐渐变平。这条曲线可以通过以下方法来构造:画出以$(0, a)$点为圆心,半径为a的圆,以及$y = 0$和$y = 2a$这两条与圆在$(0, 0)$和$(0, 2a)$两点相切的水平直线。每一条经过$(0, 0)$点的直线都会与圆在某一点(b, c)相交,并且会同直线$y = 2a$交于一点$(d, 2a)$。对于每一条这样的直线,则点(d, c)都构成了曲线上的一点。通过$(0, 0)$点以不同的角度作直线则可以得到一系列的点,这些点集便构成了曲线。得到的这一曲线具有很多有趣的数学性质,包括了一个极大值、两个拐点、左右对称,以及水平渐近线等。

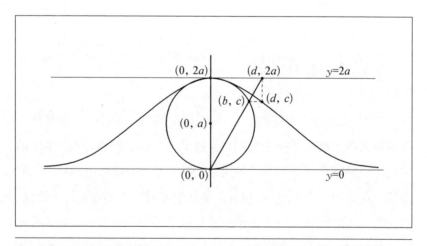

每一条经过$(0, 0)$点的直线都对应于一个在"阿涅西的女巫"曲线上的点。

阿涅西在她所著的教科书中一共4次提到了这一曲线。在第一卷的末尾，她用这一曲线作为解析几何的练习。她描述了曲线的几何特征，要求读者找出它的方程。她还在书末折页的附表中给出了曲线图形的构造。在第一卷的最后，她给出了寻找该曲线拐点的代数方法。在第二卷中，她使用了更为高级的二阶导数的方法寻找拐点，于是又再一次提及了这一曲线。虽然阿涅西并没有提出这一曲线的应用，20世纪40年代的物理学家发现，这条曲线近似于可见光和X射线的能量谱分布，以及尖锐调谐的谐振电路的功率谱。

数学之后的第二生涯

阿涅西的父亲于1752年去世，随后阿涅西投身到了救助穷人的事业之中。尽管她编写的教科书的成功为她在意大利数学界赢得了荣誉，并得到了整个欧洲的赞扬，她还是突然中断了她的数学工作。她将自己生命的后47年都献给了救助穷人和老年妇女的事业中去。起初她使用了家中的一些房间来照顾和安慰她的病人。1759年，她变卖了教皇给她的金质奖章以及玛丽娅·特蕾西娅皇后赠予她的钻石和水晶盒子，并用这些钱在米兰租来一栋房子建立了一所疗养院。

尽管她已经退出了数学界，其他数学家还是对她的能力有着很高的评价。1762年，都灵大学（Università degli Stueli di Torino）的教授们给阿涅西写信，希望她就一篇对变分法提出新发现的论文加以评论。这篇论文的作者约瑟夫·路易·拉格朗日是位年轻的数学家,他最终成为当时最杰出的数学家之一。阿涅西拒绝了这一请求,解释说她已不再做数学研究了。

1771年,应大主教托佐波奈利(Tozzobonelli)的请求,阿涅西成为特里乌齐奥慈善公会(Pio Albergo Trivulzio)的主管,这是一个为贫困女性开设的疗养院。它曾经是安东尼奥·托雷米奥·特里乌齐奥亲王的宫邸,亲王将其捐给了教会作为养老院。阿涅西完全投身于这一负责照顾450个病人的主管工作。1783年,她搬进了疗养院住,以便更好地为疗养院的妇女服务。

40多年照顾穷人的生活最终毁坏了阿涅西的健康。在她生命的最后5年,她作为病人住在了她所创办的疗养院中。她逐渐失明、失聪,开始昏迷并忍受水肿的折磨。1799年1月9日,她最终在特里乌齐奥慈善公会身无分文地去世,享年80岁,并同疗养院的另外15位女病人一起被埋葬在了无名的墓地中。

结语

阿涅西去世100周年时,米兰、蒙扎和马夏戈的市民们为了纪念她,将城市的一条街道的名字以她命名。另外,米兰的一座师范学校也以她的名字命名,还有,为女性开设的奖学金也以她的名义建立。在她工作过的疗养院的一块墙角石雕刻记载着她为穷困女性服务的事迹。

阿涅西的微积分著作《分析讲义》,是18世纪中期以前由女性创作的最重要的数学出版物之一。它对于微积分的基本原理成功地进行了统一的处理和论述。在这部著作中,她结合了前人用多种语言和不同记号发表的研究结果，并用统一的语言以及一致的术语和记号将其呈现于世。这一得到广泛使用的教科书仍然是现存最早的，由女性创作的数学著作。尽管她的名字大多是同被称为"阿涅西的女巫"的曲线联系在一起，但数学界正在对她更为广泛的研究内容产生兴趣。

本杰明·班尼克

（1731—1806）

早期的非裔美国科学家

本杰明·班尼克，一位自学成才的非裔美国烟农，帮助测绘了哥伦比亚特区的边界，并为12年的年历计算了天文和潮汐的数据。

本杰明·班尼克（Banjamin Banneker）是美国殖民地时期的一位非裔烟农，他用业余时间来从事他所喜爱的数学。在年轻的时候，他设计制造了一台木钟，表现出了过人的几何能力。他在57岁的时候，使用借来的书和设备，自学了天文学的数学原理。利用这些知识，他帮助测绘了哥伦比亚特区的边界。他为马里兰和附近州的农民与水手计算了12年的年历。这些成就使他成为当时废奴运动中的一位国际人物。

 烟农

本杰明·班尼克，1731年11月9日出生于马里兰巴尔的摩（Baltimore）

郊外，他外祖父母的烟草农场。他是一个经历了两代奴隶制的家庭中的一个自由人。在1683年，班尼克的外祖母莫莉·韦尔什由于被指控偷牛奶从英国的一个奶牛场被送往马里兰的一个烟草农场作为定期服务的奴隶工作了7年。之后她在巴尔的摩的乡下买下了一片小农场和两个黑奴，4年之后她解放了那两个奴隶。在1696年，韦尔什与她的前奴隶班纳卡（Bannaka）结婚，他们用班尼基（Banneky）作为姓。在1730年，他们的大女儿玛丽与一名叫罗伯特的前黑奴结婚，并且保留了她的姓。一年之后，玛丽的4个孩子中的大儿子本杰明出生了。后来他把他的姓的拼法改为班尼克（Banneker）。

班尼克受的教育被乡下农场带来的隔离和农业生活的需求所限制。在1737年，罗伯特和玛丽·班尼基在马里兰现在叫作奥埃拉的地方购买了100英亩的农场。在那里，班尼克一直住在他父亲所建造的一座一间房的小木屋里。烟草种植每天都需要大量费力的工作，这使他很少有时间能够用来休息和受教育。当他还是一个没什么职责的孩子的时候，他的外祖母韦尔什教会了他读写。每个冬天的一两个月中，班尼克也会在本地的学校中学习算术、历史和其他学科。他的有限的正式教育只持续到他能够在农场里全天干活为止，但是在他的一生中，他持续地阅读书报、喜欢求解数字谜题，并学会了演奏小提琴和长笛。

木钟

在22岁的时候，班尼克得到了一个机会来研究一只怀表的内部构造。在当时，怀表是稀有而贵重的。在研究了怀表内部齿轮、游丝和发条错综复杂的配合之后,他设计了一座用指针显示小时和分钟并且能够在整点敲钟报时的钟。他用木头制作了齿轮和其他零件组装起来并把这独一无二的时钟装在他家木屋的墙上,这只钟工作了52年。

在18世纪50年代的美洲殖民地,能够制作时钟的少数工匠必须要在用专用工具和材料装备的作坊中作为钟表匠师傅的徒弟学习工作多年才能掌握技术。对于一位只见过一只怀表的业余爱好者来说,充分理解钟表里很多齿轮、游丝和发条的几何关系而且能够设计制造一座可靠的钟表是一项显著的成就。班尼克的木钟让他在乡亲们中间得到了声誉,并且吸引了不少来访问他的乡下农场的好奇访问者。

多种兴趣

1759年,班尼克父亲逝世,他继承了农场并照顾母亲。除了完成这些工作外,他还保持了对音乐、阅读、数学、科学和时事的兴趣。他还帮助他的农民邻居做计算、写信、阅读正式信件。在一部分日记中,他记录了蝉生活的17年的周期和他饲养的蜜蜂的复杂的舞蹈。他在日记中记载的一个数学问题是让解题者找出4个数字,它们的和是60,并且第一个数字加上4,第二个数字减去4,第三个数字乘以4,第四个数字除以4的结果是一样的。虽然这个问题不是他的原创,但他对数学娱乐的迷恋仍然显示出了他对数学持久的兴趣也充分展示了他的数学能力。

在1771年,埃利科特(Ellicott)兄弟5人买下了附近帕塔普斯

问题：确定a,b,c和d的值，使得

$$a+b+c+d=60$$
$$a+4=b-4=c\times4=d\div4$$

解答：a=5.6,b=13.6,c=2.4,d=38.4

班尼克在他的数学日记中记录的算术问题之一。

科河岸的一块地，并建设了两座磨坊来把小麦磨成面粉。他们建设了自己的房屋、磨坊工人的寄宿公寓、一家杂货店和一座礼拜堂。班尼克花了很多时间来拜访他的邻居们，他们讨论政治、阅读报纸，并观察磨坊的工作。后来他跟其中乔治·埃利科特（George Ellicott）成了密友。虽然埃利科特比班尼克小29岁，但是他们享有对数学和自然科学的共同爱好。

天文学家

班尼克母亲逝世后，他逐渐缩减放在农事上的精力，抽出更多的时间来从事其他的爱好。在1788年，埃利科特借给他4本天文学的书，一些天文学仪器和一架望远镜。这4本书包括詹姆士·弗格森（James Ferguson）的《天文学简明入门》和查尔斯·李德贝特（Charles Leadbetter）的《天文学精华体系》。在几个月的时间里，他学习了如何计算日出、日落、月出和月落的时间，如何计算月相，如何计算每年发生3—4次的日食和月食的时间。

在几个月的学习和练习之后，班尼克将他对一次日食的预测结果展示给埃利科特，竟然只被发现了一处错误：为了预测日食，天文

学家必须做36步计算,并用到一系列精确的几何作图。在他的计算中,班尼克混淆了弗格森和李德贝特的书中的两种不同的方法。在修正了他的计算后,班尼克准确预测了1789年4月14日的日食。班尼克对天文学知识的迅速掌握给埃利科特留下了深刻印象,为此,埃利科特鼓励他编写了一本年历。

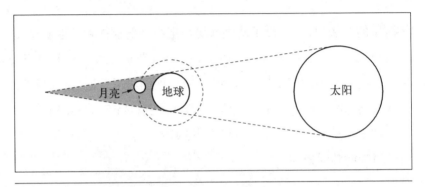

在月球经过地球阴影的时候就会发生月食。

　　在18世纪,年历是一个典型的美国家庭拥有的少量印刷品之一,能够提供有用的信息。船长们指望年历知晓涨潮落潮的时间,以便掌握起航的最佳时间;水手们通过年历了解星星的位置以便在远海精确地确定位置;农民们则用年历指导种植和收割,安排农耕的工作。年历还起到普通日历的作用,记载着诸如节假日、集市和巡回法庭到达的日期这样的重要事件。在美国,最著名的两部年历是本杰明·富兰克林(Benjamin Franklin)在费城出版了25年的《穷理查德年历》和直到现在还一直在出版的这本《农民年历》。

　　列出每天太阳、月亮、行星和恒星的时间和位置的表格称作星历表。为了得到星历表所需的精确数据,一个天文学家需要进行上千次的计算和测量,而这是需要真才实学的。计算潮汐的时间是一项相对简单的工作,因为潮汐是规律性发生的,每一次涨潮之间间隔大约12小时25分钟。确定发生在天上的事情的时间更加复杂。在地球绕太阳公转并沿着地轴自转的时候,它还在微微摆动。月球公转的轨道面和地球的赤道面的夹角的偏差达到±5°。在只隔几百千米远的地方看起来的天体运行状况可能完全不同,这使得为马里兰的农民出版的年历对在纽约或亚特兰大等不同地方的人来说可能完全没用。

班尼克将所有空闲时间都用来为1791年的年历进行计算。在完成工作之后,他把井然有序地整理过的年历的袋子送到巴尔的摩的3位出版商那里。一般出版商同意出版一部年历之前,都会找一位天文学家检查年历中计算的准确性。出版商约翰·海斯(John Hayes)把班尼克的年历送到埃利科特的堂兄弟——著名的工程师和出版了前10年的年历的天文学家安德鲁·埃利科特(Andrew Ellicott)那里。安德鲁·埃利科特检查了班尼克的计算,认为计算相当准确。但尽管有着正面的评价,海斯仍然决定不出版这部年历。由于联系新的出版商已经过晚了,这部1791年的年历从来没有出版过。虽然这次不成功的冒险让班尼克失望,但他仍然决心计算一部1792年的年历,并注意做出更精确的计算和更早地确定一个出版商。

 测绘哥伦比亚特区

1776年,美国宣布从英国独立,国会在8个不同的地方召开过,因为这个国家没有一个固定的首都。1790年,乔治·华盛顿总统和国会通过了在弗吉尼亚和马里兰州的边界处划定一块100平方英里

（约260平方千米）的联邦领地——哥伦比亚特区的决议。国务卿托马斯·杰弗逊委任安德鲁·埃利科特领导一个测绘队伍来测量和标记这块要在上面建设首都的边长16千米的方形土地。

　　埃利科特的兄弟们帮安德鲁测绘过宾夕法尼亚州和弗吉尼亚州，但由于他们当时正在测绘纽约州的西部边界，因此抽不出身来帮助他。他需要一个有天文学知识，能够利用天文学仪器进行仔细测量并能够进行复杂的数学运算的人。安德鲁的堂兄弟乔治·埃利科特建议他雇用班尼克进行这项工作，安德鲁也想起了班尼克为年历作出的令人印象深刻的工作，就向班尼尔提供了这项职位。这位没有离开过他农场周围几千米远的、59岁的自学成才的业余天文学家和年历作者就这样接受了这项工作。

　　这是一项艰苦的工作。在2—4月间，班尼克工作在马里兰州和弗吉尼亚州的树林中的一顶寒冷的帐篷里。他的主要任务是维护一座天文钟，一种温度的变化、不太强烈的震动和偶尔的接触都足以影响到的复杂而敏感的设备。通过让这座钟的时间与可预测的恒星和其他天体运动的吻合，它使得测绘队能够确定他们精确的经纬度，以及正北的精确方向。班尼克的工作使他要在晚上观察记录恒星、月亮和行星的位置。他在下午观测太阳并用埃利科特强有力的望远镜观测其他恒星，在观测时间的间隙进行短暂的休息。他观测的可靠性和他计算的准确性对这次测绘的成功起到极为重要的作用。对一个角度测量的很小的误差延伸到10千米之外也会造成非常不准确的结果。

　　这个8个人的团队在3个月的测绘工作中以可接受的精确度定出了这块边长16千米的正方形土地的边界。这个正方形的四条边的误差在80米以内，小于0.5%；计划要求正方形的最北边的角在最南边的角的正北方,实际定出的两个角连线与正北方的夹角小于$\frac{1}{12}$度。在埃利科特、法国工程师皮埃尔·夏尔·朗芳(Pierre Charles L'Enfant)以及其他人进行工作的下一步——规划将要变成华盛顿的这座城市的街道时,班尼克回到了他的农场。

 ## 1792年年历

回到农场的班尼克立刻开始了他在1792年年历上的工作。在测绘中认识到了组织和精确的重要性,他用一本大笔记簿仔细地记录了他的天文观测,并仔细检验了每一步计算。他使用埃利科特的先进设备以及进行高精度的冗长计算的经验使他大大加快了工作的速度。在1791年6月上旬,他完成了所有应做的计算,准备好了他的年历,并将其送往巴尔的摩和乔治城的出版商那儿,两地的出版商都同意出版。

由一个非裔美国人编写的年历即将出版的消息得到了相当多的关注,尤其是在废奴运动的推进者中。在马里兰推进废奴协会7月的会议上,德高望重的医师和演说家乔治·布坎南(George Buchanan)赞扬了班尼克在天文上的成就,以及作为作家、诗人和医师而出名的其他非裔美国人的成就。詹姆士·潘伯顿(James Pemberton)、宾夕法尼亚推进废奴协会的会长,向班尼克索取了他的年历,并分发给公认的天文学家以获得评论。当时美国最重要的天文学家、美国哲学学会的会长戴维·利特豪斯(David Rittenhouse)以及广为人知的教师、作家和出版过5部年历的天文学家威廉·韦林(William Waring)

都检查了班尼克的计算。他们都认为班尼克的工作是杰出的,并推荐出版这部年历。这些评论使费城出版商约瑟夫·克鲁克香克(Joseph Crukshank)决定出版和发行这部年历。

在1791年8月,班尼克将一份他的年历和一封12页的,介绍他在年历以及哥伦比亚特区测绘上的工作以作为非裔美国人能够在科学领域取得成就的证据的信送给国务卿杰斐逊(Thomas Jefferson)。杰斐逊在回信中祝贺他在数学上取得的杰出成就,并称赞他为他的种族增添了荣誉。杰斐逊将这部年历送给了法国科学院的书记德·孔多塞(de Condorcet)侯爵,让他的成就能被整个欧洲所知。

在1791年秋天,这部年历上市出售,全名为《本杰明·班尼克的宾夕法尼亚州、特拉华州、马里兰州和弗吉尼亚州年历及星历表(1792)》。这是一个闰年,是1776年7月4日美国独立后的第16年。书中包括:太阳与月亮的运动、行星的真正位置和方位、日出日落时间、月出月落时间、月上中天时间、月相等;朔望月、合、蚀、天气的判断、节日和其他重要日期;合众国最高法庭和巡回法庭开庭日,及宾夕法尼亚、特拉华、马里兰和弗吉尼亚各州法庭开庭日;还包括若干有用的表格和有价值的收据——美国贤者肯塔基哲人日记选段;包括有趣的和娱乐性的随笔,以散文和韵文的形式——相比北美同样类型和价格的任何书籍,这部书都包含了更多、更有趣、更有用的多种内容。尽管乔治城的出版商决定不出版这部年历,但是3个城市的5个出版商——巴尔的摩的戈达德(Goddard)和安吉尔(Angell),亚历山大城的汉森Hanson和邦德(Bond),费城的克鲁克香克(Crukshank),费城的汉弗莱(Humphreys)和费城的杨(Young)发行了这部年历的3个不同版本。这部年历在巴尔的摩非常流行,为此戈达德和安吉尔重印了它。在班尼克的计算和书名中说明的其他内容之外,这部年历还包括了一个由马里兰州参议员詹姆士·麦克亨利(James McHenry)撰写的引言,称赞了班尼克为创作年历和测绘哥伦比亚特区所做的工作。在英国,下议院的议员还展示了班尼克的1792年年历,作为非裔美国人作出的杰出成就的证据,以支持废奴运动。

专业的年历作者

班尼克抓住了他的年历成功的机会成为一位专业的年历作者。埃利科特一家花180镑(当时美国的货币)通过反向抵押的方式购买了他的农场。他们答应让班尼克住在农场里直到逝世,并在他们的杂货店里每年提供12镑的购物额度。在年底他们会将这个额度的盈余付给他。班尼克对这个稳定的收入来源很满意,这笔钱和出售年历的盈余使他能够过简单的生活,白天不用去做农活,晚上可以进行天文观测。

班尼克1793年出版的年历比他第一次出版的年历更加成功。费城的克鲁克香克以《班尼克的年历及星历表(1793)》的书名出版了它。巴尔的摩的戈达德和安吉尔出版了一个稍有不同的版本,称作《本杰明·班尼克的宾夕法尼亚、马里兰和弗吉尼亚年历及星历表(1793)》。除了天文学计算结果之外,这两个版本都包含有班尼克给国务卿杰斐逊的信,以及杰斐逊的回信。克鲁克香克的版本还包含了《独立宣言》的签署人之一,费城医师本杰明·拉什(Benjamin Rush)的名为《为美国建立一个和平办公室的计划》的一封信,倡导在总统的内阁中设立一个和平办公室。这3封信使得

班尼克的画像出现在他1795年年历的多种版本的封面上。

班尼克的1793年年历成为美国当年最重要的出版物。由于被社会各阶层广泛讨论，这部年历的销售量超过了安德鲁·埃利科特的年历，并且在第一版售罄之后印刷了第二版。

1792—1797年，新泽西、特拉华、马里兰、宾夕法尼亚和弗吉尼亚5个州7个城市的12家出版商出版了班尼克的年历的28个版本。大获成功的1795年年历的14个版本中有5个宣扬了他的种族。在新泽西州特伦顿（Trenton）由马提亚斯·戴伊（Matthias Day）所出版的版本的标题中还包含《非裔本杰明·班尼克的天

文学计算》的字样。巴尔的摩的约翰·费舍尔（John Fisher）、费城的威廉·吉本斯（William Gibbons）、费城的雅各布·约翰逊（Jacob Johnson）、特拉华州威尔明顿（Wilmington）的萨缪尔（Samuel）和约翰·亚当斯（John Adams）4家出版商在封面上印刷了班尼克的画像。尽管不够清晰准确，但这幅描述一位智慧而高贵的非裔美国人的雕版画像是最早使用非裔美国作者的画像来促进印刷品销售的例子之一。

1806年10月9日，班尼克在75岁生日的前一个月，在自己的农场逝世。按照他临终前的要求，他的妹妹们和侄子们将他向乔治·埃利科特借用的望远镜、书籍和天文仪器等物品归还原主。在他葬礼的那一天，他的木屋发生了火灾，尽管他记录有天文运算和数学谜题的笔记本被抢救了出来，但那架最早显示他数学天才的木钟却毁于大火。

 ## 荣誉和纪念

在他逝世之后的两个世纪里，数十种书籍、刊物和电影介绍了他的生平，将他作为非裔美国人的智慧和才华的典范。其中，最典型的是孟科·康韦（Moncure Conway）1863年发表在《大西洋月刊》上的文章《本杰明·班尼克，一位黑人天文学家》。这篇文章后来以单行本的形式刊行，在南北战争时期作为对废奴运动的支持而广泛流行于北部各州和英国。在班尼克的许多传记中，包含一部由乔治·埃利科特的女儿玛莎·泰森（Martha Tyson）撰写的《本杰明·班尼克的一生（由1836年笔记而来）》，由她的侄子在1854年提供给马里兰州历史学会，并由她的女儿在1884年公开出版。包括美国全国数学教师委员会、非裔美国人生活与历史研究联合会和全国钟表收藏家联合会在内的很多专业学会都出版了侧重于他们的成员最感兴趣方面的班尼克的传记。

许多人组建了各种机构和协会来对班尼克在数学、天文学、测绘、钟表制作和民权运动中的成就致敬。在1853年，费城建立了班尼克学院（Banneker Institute），通过每月的讲座和辩论会的形式为年轻的非裔美国人提供继续教育的机会。数百所学校、机构和组织使用班尼克的名字以纪念他杰出的一生，例如，巴尔的摩的本杰明·班尼克经济正义中心，密歇根州东兰辛的本杰明·班尼克联合会和马里兰州安纳波利斯的班尼克–道格拉斯博物馆。在1985年，巴尔的摩政府买下了他的农场的一大部分，建立了本杰明·班尼克公园和博物馆，作为历史纪念。

　　班尼克的纪念和遗产也被美国树立为国家荣誉。在1980年，美国邮政发行了一张描写班尼克测绘华盛顿边界的纪念邮票。美国国家测绘员名人堂将他和安德鲁·埃利科特，大卫·里顿豪斯（David Rittenhouse），乔治·华盛顿和托马斯·杰斐逊一起列为10位创始成员（charter member）之一。1998年，威廉·杰弗逊·克林顿总统签署了一份文件，批准在华盛顿建立一座班尼克纪念碑（Bannecker Memorial）。

结语

　　美洲殖民地烟农班尼克在57岁的时候自学了天文学、数学原理并成为一名业余数学家。他作为确定哥伦比亚特区边界的测绘队的一员，在工作中进行了精确的测量和详细的计算。在12年里，他进行了对行星、月亮和太阳位置的上千次精确计算，用于撰写美国东海岸中部地区各州使用的年历。他作为一名自学成才的非裔美国人的成就使他作为一名废奴运动的杰出人物获得了国际承认。